AF524217

Katrin Kolbe / Dr. Gabriele Lehari

Rettungshundeausbildung – Nasenarbeit

Katrin Kolbe / Dr. Gabriele Lehari

Rettungshundeausbildung
Nasenarbeit

Oertel+Spörer

Bildnachweis
Titelbild: Dr. Gabriele Lehari
Innenteilbilder:
Katrin Kolbe S. 53, 96, 103, 110, 115(3), 118, 119, 121; Dr. Gabriele Lehari S. 9, 10, 11, 13, 14, 21, 22, 24, 26, 28, 30, 32, 34, 37, 39, 41, 47, 48, 62/63(12), 99, 100, 104, 105, 107, 108, 114, 117, 130, 135, 153; Ulf Mirlieb S. 42, 58, 81, 82, 95, 102, 124, 132, 143, 147, 149, 150, 152; Doris Röthig S. 70, 87; Katrin Walter S. 43, 51, 55, 56, 65, 66, 71, 72, 73, 75, 77, 79, 80, 83, 84, 85, 89, 92

Grafiken
Waldemar Winkler

Haftungsausschluss
Die Hinweise in diesem Buch wurden von den Autorinnen sorgfältig recherchiert und geprüft. Es können jedoch keinerlei Garantien übernommen werden. Eine Haftung der Autorinnen, des Verlags und seiner Beauftragten für Personen-, Sach- und Vermögensschäden ist ausgeschlossen.

Bibliografische Information der Deutschen Nationalbibliothek
Die Deutsche Nationalbibliothek verzeichnet diese Publikation in der Deutschen Nationalbibliografie; detaillierte bibliografische Daten sind im Internet über http://dnb.d-nb.de abrufbar.

Postfach 16 42 · 72706 Reutlingen

DTP und Repro: Oertel+Spörer Verlags-GmbH + Co. KG
Druck und Bindung: Oertel+Spörer Druck und Medien-GmbH+Co., Riederich
Printed in Germany
ISBN 978-3-88627-854-1

Inhalt

Einführung

Schon vor Jahrtausenden, als der Homo sapiens begann die Vorfahren unserer heutigen Hunde zu domestizieren, gab es bestimmte Gründe dafür, die den Menschen Vorteile lieferten. Dazu gehörte nicht nur das gute Gehör, mit dem der Hund mögliche Eindringlinge oder Feinde wesentlich früher wahrnehmen konnte als ein Mensch, sondern vor allem auch sein ausgezeichneter Geruchssinn.

Dieser Hund ist voll konzentriert und setzt dabei alle Sinne ein.

Von Mikrosmaten und Makrosmaten

Hunde gehören zu der Tiergruppe, die sich hauptsächlich nach dem Geruch orientieren. Die Nase ist für sie das wichtigste Sinnesorgan, um zu überleben, daher werden sie auch als „Nasentiere" oder **Makrosmaten** (griechisch osmé = Geruch) bezeichnet. Das Sehvermögen ist dagegen bei diesen Tiergruppen weniger gut ausgebildet.

Zu den Nasentieren gehören zum Beispiel Insektenfresser, Nagetiere, Beutegreifer (also auch der Wolf und damit der Hund) und viele Huftiere. Sie haben nicht nur eine gute Nase, sondern auch ein stark ausgebildetes Riechhirn, das für die außergewöhnliche Sinnesleistung Voraussetzung ist. Dazu aber später mehr.

Nasentier Hund und Augentier Mensch – zusammen sind sie ein unschlagbares Team.

Der Geruchssinn spielt bei diesen Tieren in vielen Bereichen eine überlebenswichtige Rolle. Mit seiner Hilfe finden sie Nahrung oder Beutetiere, erkennen den passenden Paarungspartner und den eigenen Nachwuchs, finden wieder „nach Hause“ (wie zu regelmäßig besuchten Wasserstellen, Nahrungsquellen oder ihrer Höhle) und können auch rechtzeitig Feinde wahrnehmen und sich vor ihnen in Sicherheit bringen.

Ein Hund ohne ein intaktes Riechorgan wäre stark eingeschränkt und könnte sich in der freien Natur kaum zurechtfinden oder fortpflanzen. Ist dagegen das Gehör oder die Sehleistung beeinträchtigt, kann er vieles durch die hervorragende Nasenleistung kompensieren.

Im Gegensatz zu den Makrosmaten gibt es auch Tiergruppen, bei denen Geruchsorgan und Riechhirn wesentlich geringere Leistung erzielen, sie werden daher als **Mikrosmaten** bezeichnet. Da bei den meisten dieser Mikrosmaten das Sehvermögen dagegen besonders hoch entwickelt ist, nennt man sie häufig auch „Augentiere“. Zu ihnen gehören zum Beispiel die Primaten und somit auch der Mensch.

Somit stellt sich jetzt natürlich die Frage, warum eines der besten „Nasentiere“, unser Hund, sich einem typischen „Augentier“, dem Menschen, so eng angeschlossen hat und schon vor Jahrtausenden eine Art Symbiose mit ihm eingegangen ist. Da liegt die Antwort aber schon auf der Hand: Was der eine hervorragend beherrscht, ist bei dem anderen weniger gut ausgeprägt. Daher kann eine Lebensgemeinschaft dieser beiden Arten nur für Vorteile sorgen, da beide Partner von den besonderen Fähigkeiten des anderen profitieren.

Wann genau sich die ersten Wölfe den Menschen angeschlossen haben, um sich dann im Laufe der Zeit zum heutigen Hund entwickeln zu können (Domestikation), ist bis heute nicht ganz genau geklärt. Fest steht aber, dass es schon viel

früher erfolgte, als noch bis vor Kurzem angenommen wurde, nämlich schon vor über hunderttausend Jahren. Und dass es nicht einfach dadurch passierte, dass Menschen Wolfswelpen aufgenommen und großgezogen haben, ist auch klar. Denn es war auch eine Entscheidung der Vierbeiner, sich diesen zweibeinigen Wesen anzuschließen. Denn immerhin bildeten Menschen auch – wie Wolfsrudel – eine enge soziale Gemeinschaft und hatten dazu noch den Vorteil, dass sie Feinde eher aus der Ferne erkennen konnten und die Möglichkeiten hatten, sich durch Feuer und selbst errichtete Hütten vor Angreifern zu schützen. Außerdem fielen Essensreste und Ausscheidungen an, von denen die Hunde sich ernähren konnten. Somit mussten die Vierbeiner weniger Energie für einen Teil der Nahrungsbeschaffung sowie für den Schutz vor Feinden aufbringen.
Die ersten „Hunde“, die mit Menschen zusammenlebten, waren nicht nur für die Reinerhaltung des Lagers zuständig oder als Wächter tätig, da sie im Gegensatz zu den Menschen auch nachts herankommende Feinde dank ihres Geruchssinns und auch guten Gehörs wahrnehmen und somit vor ihnen warnen konnten. Sie waren vor allem wertvolle Jagdbegleiter. Sie spürten das Wild auf, stellten es gegebenenfalls und erleichterten dadurch den Menschen die Beschaffung von

Auch für die zahlreichen Jagdhunderassen ist die hervorragende Nasenleistung sehr wichtig.

Nahrung in Form von Fleisch. Die Jagd konnte einfach wesentlich effizienter erfolgen. Und nach erfolgreicher Jagd erhielten natürlich auch die Jagdbegleiter ihren Anteil, was die Bindung zwischen Vier- und Zweibeinern stärkte.
Somit hatte der Hund damals schon einen nicht unerheblichen Einfluss auf die weitere Entwicklung der Menschheitsgeschichte, da er Ernährung, Hygiene und Schutz der Menschen zweifellos verbesserte.

Erst viel später, als die Menschen sesshaft wurden und begannen, Landwirtschaft zu betreiben, wurden Hunde dann auch für andere Arbeiten wie das Hüten von Vieh und das Bewachen von Haus und Hof eingesetzt. Aber auch diese wertvolle Hilfe sorgte für eine weitere Entwicklung der menschlichen Kultur. Denn ohne Hunde wären Menschen nicht in der Lage gewesen, ihr Nutzvieh in den unwirtlichen Landschaften vor Feinden zu schützen und zusammenzuhalten.

Zwar brauchen wir Menschen heute nicht mehr unbedingt einen guten Hund, um uns zu ernähren oder einen neuen Wirtschaftszweig aufzubauen, aber in vielen Bereichen ist auf die hervorragende Sinnesleistung des Hundes heute kaum zu verzichten. Auch wenn Hunde immer noch wertvolle Jagdhelfer sind und die Gruppe der Jagdhundrassen den weitaus größten Anteil von allen Hunderassen einnimmt, hat man sich ebenso in vielen anderen Bereichen die einzigartige Hundenase zunutze gemacht. Denn nur dank der hervorragenden Nasenleistung unserer Vierbeiner, die im Vergleich zu unserer Geruchswahrnehmung um Welten besser ist, war es möglich, Hunde für verschiedene Dienste einzusetzen, die schon vielen Menschen das Lebens gerettet haben oder für sie die Lebensqualität erhöhen. Aber nicht nur die Nasenleistung, sondern auch die Möglichkeit, Hunde entsprechend auszubilden und zu trainieren und damit auch ihre Nasenarbeit noch mehr zu verbessern, hat dazu geführt, dass in bestimmten Diensten Hunde unersetzlich sind.

Rettungshunde können unter schwierigsten Bedingungen Opfer von Lawinen, Erdbeben und Gebäudeeinstürzen oder in unwirtlichem Gelände verirrte oder verunfallte Personen aufspüren. Eine Besonderheit stellen hier die für das sogenannte Mantrailing ausgebildeten Hunde dar. Sie sind in der Lage, den Geruch einer bestimmten Person aufzunehmen und deren Spur teilweise nach Tagen noch zu verfolgen, sogar in reich belebten Gebieten.

Auch aus dem Polizeidienst sind Hunde nicht wegzudenken. Speziell ausgebildete Vertreter von ihnen spüren Sprengstoff, Drogen, Tabak und vieles mehr auf und haben auf diese Weise schon zahlreiche unschuldige Menschen vor Gefahren bewahrt oder Verbrecher überführt.

Die verschiedenen Schäferhundrassen – hier ein Holländischer Schäferhund – sind aus dem Polizeidienst nicht mehr wegzudenken.

Nicht zuletzt hat man in den letzten Jahren festgestellt, dass Hunde sogar aufgrund ihres feinen Geruchssinns verschiedene Krebserkrankungen feststellen können. Ebenso können sie Epilepsiekranken helfen, da sie einen epileptischen Anfall so rechtzeitig erkennen und anzeigen, dass der Patient sich entsprechend darauf vorbereiten kann, oder Diabetiker darauf hinweisen, dass es wieder Zeit für eine Insulinspritze ist.

Auch wenn bei allen diesen Aufgaben, für die Hunde heutzutage verwendet werden, vor allem der fantastische Geruchssinn und ihre Lernfreudigkeit wichtige Rollen spielen, werden wir uns in diesem Buch auf die Beschreibung und Förderung der Nasenleistung bei den verschiedenen Disziplinen der Rettungshunde beschränken. Letztendlich lassen sich aber alle Kenntnisse und Trainingstipps auch bei Hunden anwenden, die in anderen Einsatzgebieten mit ihrer Nasenleistung brillieren und dadurch als wertvolle Helfer und Begleiter unersetzlich sind. Denn der Einsatz des Geruchssinns und das spezielle Training, um die ohnehin hervorragende Riechleistung unserer Hunde noch zu verbessern oder zu verfeinern und eine noch höhere Trefferquote zu erzielen, erfolgen immer nach demselben Prinzip.

Die Hundenase – ein Wunder der Natur

Beim Hund steht an höchster Stelle bezüglich der Leistung seiner Sinnesorgane ganz klar der Geruchssinn gefolgt vom Sehen und Hören. Denn unabhängig davon, ob der Hund einen Verschütteten, einen Vermissten, eine gelegte Fährte oder das Wild im Wald finden oder aufspüren soll, am meisten setzt er dabei sein überaus leistungsfähiges Riechorgan ein.

Die Leistung der Hundenase übersteigt bei Weitem unser Vorstellungsvermögen.

Jeder weiß, dass Hunde eine viel bessere Nase haben als wir Menschen. Und auch bezüglich ihrer übrigen Sinne empfinden sie die Umwelt in vielerlei Hinsicht auf eine andere Weise. Aber woran liegt dieser teils erhebliche Unterschied?

Obwohl es allgemein bekannt ist, dass Hunde mit ihrer Riechleistung außerordentliche Fähigkeiten besitzen, ist leider wissenschaftlich noch nicht alles zu diesem Phänomen untersucht wurden. In mancher Beziehung bleibt diese Besonderheit, die wir so an unseren Vierbeinern schätzen und die wir nutzen, also dennoch geheimnisvoll.

Bevor wir uns der praktischen Nasenarbeit von Rettungshunden und wie man sie verbessern und aufbauen kann, zuwenden, widmen wir uns zunächst der Anatomie und physiologischen Funktion der Hundenase, indem wir die bisher erforschten Ergebnisse und Erkenntnisse zusammentragen. Denn nur wenn man weiß, wie dieses einzigartige Sinnesorgan funktioniert und wie es sich zum Beispiel von der menschlichen Nase unterscheidet, kann man verstehen, warum ein Hund zu solchen Leistungen fähig ist. Und hierbei sind es verschiedene Umstände und Faktoren, die alle dazu beitragen, dass Hunde diese außerordentlich hervorragende Nase haben.

Anatomie der Hundenase

Das Wahrnehmen von Duftstoffen ist eine sehr urtümliche Art der Sinnesleistung, die schon bei sehr primitiven sowohl im Wasser als auch auf dem Land lebenden Tieren wie Schnecken oder Insekten eine wichtige Rolle spielt. Hierfür gibt es

VERGLEICH NASENLEISTUNG HUND UND MENSCH

In der Literatur und vielen anderen Quellen findet man immer wieder Angaben, mit denen die Nasenleistung von Hund und Mensch miteinander verglichen werden. So sollen Hunde zum Beispiel 100 Millionen Mal empfindlicher auf Gerüche reagieren oder 1000-mal mehr Duftstoffe wahrnehmen können als Menschen. Auch was die Konzentration angeht, mit der Gerüche wahrgenommen werden können, liegen die Werte zwischen einer 10.000- und 100.000-mal besseren Riechleistung des Hundes im Vergleich zum Menschen.

Da aber diese Ergebnisse immer nur auf bestimmten Experimenten basieren, je nach Versuchsaufbau unter verschiedenen Bedingungen und auch nur bei einer relativ kleinen Anzahl bestimmter Hunderassen durchgeführt werden, handelt es sich bei den Werten nur um annähernde Schätzungen. Ob ein Hund aber nun zehntausendmal, hunderttausendmal oder mehrere Millionen Mal besser riechen kann als ein Mensch, lässt sich kaum experimentell belegen. Denn dann müssten auch Versuche mit Menschen durchgeführt werden, um zum Beispiel festzustellen, wie viel Gerüche wir in welchen Konzentrationen wahrnehmen können. Tatsache ist aber auf alle Fälle, dass Hunde eine für uns unfassbar gute Nasenleistung bieten, die unsere Vorstellungskraft überschreitet.

ganz unterschiedliche Sinneszellen, die entsprechende Signale wahrnehmen und zum Auffinden von Beute und Geschlechtspartnern oder zur Orientierung genutzt werden.

Bei Wirbeltieren, die höher entwickelt sind und ein mehr oder weniger komplexes Gehirn besitzen, ist die Ausbildung von Geruchsorganen direkt mit der Anlage des Gehirns kombiniert. Vor dem Endhirn bilden sich primäre Sinneszellen, von denen der **Riechnerv (Fila olfactoria)** direkt in das **Riechhirn (Bulbus olfactorius)** mündet. Ursprünglich ist das Vorderhirn von Wirbeltieren als Riechhirn ausgebildet und ist auch im Vergleich zum restlichen Gehirn relativ groß. Es ist der entwicklungsgeschichtlich älteste Hirnbereich. Bei den höheren Wirbeltieren übernimmt es aber auch noch andere Funktionen.

Im Vergleich von Hund und Mensch sieht man dann einen erheblichen Unterschied in der Größe des Riechhirns. Sind beim Hund noch sehr deutlich die sogenannten **Riechkolben** (oder auch Riechlappen) im vorderen Bereich des Gehirns zu erkennen, hat sich dieser Bereich beim Menschen schon sehr zurückgebildet und ist nur noch als kleines Rudiment unterhalb der Großhirnrinde im Stirnbe-

DÜFTE MIT HOHEM ERINNERUNGSWERT

In diesem Zusammenhang sei erwähnt, dass Geruchsempfindungen immer zu einer Erregung von Lust- oder Unlustgefühlen führen. Sie sind somit gefühlsbetont und gelangen daher auch immer zum Bewusstsein. Dazu kommt, dass Düfte einen enormen Erinnerungswert haben.
Wir alle kennen das Phänomen: Man betritt ein fremdes Gebäude oder begibt sich in eine ungewohnte Umgebung und plötzlich lässt ein bestimmter Geruch, den man vielleicht seit Jahren oder Jahrzehnten nicht mehr wahrgenommen hat, Erinnerungen aufkommen, an die man schon ewig nicht mehr gedacht hat. Sie waren also irgendwo in unserem Gehirn in Verbindung mit diesem speziellen Geruch abgespeichert. Hierbei kann es sich sowohl um positive als auch negative Erinnerungen handeln.

Bei Säugetieren haben sich daher auf der Grundlage des Riechhirns durch die Aufnahme weiterer Sinnesreize und die Bildung von Assoziationszentren höhere geistige Fähigkeiten entwickelt. Wir verdanken also dem Geruchssinn und dem Riechhirn, dass wir heute das sind, was wir sind. Und die durch Gerüche hervorgerufenen Erinnerungen sind ein Überbleibsel aus der Zeit, als der Geruchssinn auch für uns noch eine viel größere Rolle spielte.

reich zu erkennen. Das Riechhirn beim Hund ist in Relation etwa 40-mal größer als das Riechhirn beim Menschen. Bei Hunden nimmt das Riechhirn etwa ein Achtel des gesamten Gehirns ein.

Je höher die Tiere entwickelt sind, desto mehr wird die **Nasenhöhle** mit dem **Riechepithel** umschlossen und vor der Außenwelt geschützt. Nasen- und Hirnhöhle werden durch das sogenannte **Siebbein** getrennt. Der mittlere Teil wird **Siebplatte** genannt, da er mit vielen kleinen Löchern durchsetzt ist. Durch diese Löcher laufen die Fasern des Riechnervs und gelangen so direkt zum Gehirn.

Beim Hund und auch bei vielen anderen landlebenden Wirbeltieren ist die Nasenhöhle außerdem unterteilt. Zunächst wird die Luft durch den **respiratorischen Teil** geleitet, in dem die Atemluft vorgewärmt und angefeuchtet wird. Der größte Teil der Atemluft strömt dann am Gaumen entlang direkt in die Lunge durch die **ventrale Nasenmuschel** und der sogenannten **Regio respiratoria**. Ein kleiner Teil der Atemluft wird jedoch weiter nach oben über die **dorsale Nasenmuschel** zu dem **olfaktorischen**, also **riechenden Teil** der Nase **(Regio olfactoria)** geleitet, sodass dieser vor möglichst vielen äußeren Einflüssen geschützt wird und dadurch schon kleinste chemische Veränderungen wahrnehmen kann.

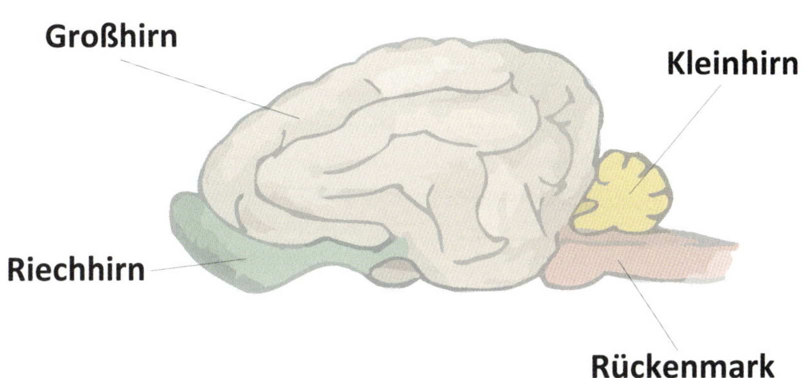

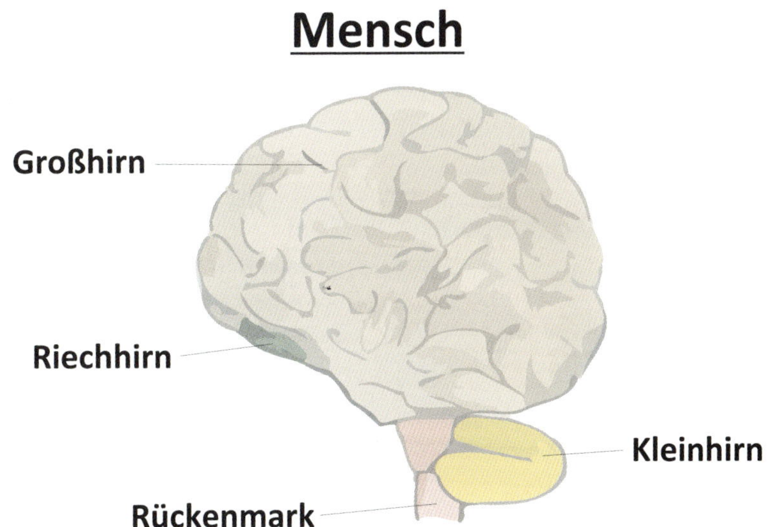

Vergleich des Gehirns von Hund und Mensch. Deutlich zu erkennen ist der erhebliche Größenunterschied des Riechhirns.

MEHR FARBE – MEHR GERUCH?

Riechzellen sind pigmentiert und es wird vermutet, dass die Farbe auch etwas mit der Nasenleistung zu tun hat. Beim Menschen ist das Riechepithel gelblich, bei Hunden eher braun pigmentiert. Weiterhin gibt es Hinweise dafür, dass dunkel pigmentierte Hunde besser riechen können als helle oder weiße Hunde. Vor allem Hunde, die viel weißes Fell im Kopfbereich haben, tun sich manchmal schwerer mit der Nasenarbeit als dunkel pigmentierte Hunde. Ebenso haben Untersuchungen an Hunden, die an Albinismus leiden, gezeigt, dass das Geruchsepithel keine Pigmentierung aufweist und ihr Geruchsvermögen schlecht entwickelt ist.

Die gesamte Nasenhöhle ist mit **Schleimhaut** ausgekleidet. Die Riechzellen befinden sich auf dem Riechepithel, das sich wiederum auf dem sogenannten Siebbeinlabyrinth in der Nasenhöhle befindet. Das **Siebbeinlabyrinth** ist eine Knochenschicht, die stark – viel stärker als bei uns – aufgefaltet ist, um dem Riechepithel eine möglichst große Oberfläche zu bieten und somit auch möglichst viele Riechzellen dort unterzubringen. Riechzellen werden ungefähr alle ein bis vier Monate erneuert und sind somit die einzigen Nervenzellen, die ersetzt werden können.

Jede Sinneszelle in dem Riechepithel besitzt einen **Nervenfortsatz (Dendrit)**, der wiederum in einer Art Knopf mit verschiedenen Zilien in dieser Schleimschicht endet.

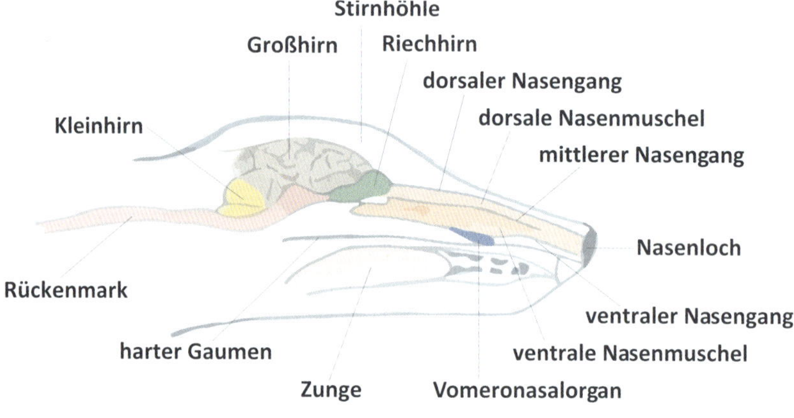

Hundekopf von der Seite gesehen.

Die Anfeuchtung der Atemluft erfolgt durch kleine und große in der Schleimhaut befindliche Drüsen. Die großen **Nasendrüsen** sind dafür da, die Nase bei scharfen Gerüchen, Verunreinigungen und Entzündungen auszuspülen. Dieser Reflex wird wiederum durch den **Trigeminus-Nerv** ausgelöst. Dieser Nerv entspringt im Gehirn und endet in verschiedenen Bereichen des Gesichts. Und dieser Nerv spielt auch noch eine kleine Rolle bei der Geruchswahrnehmung (siehe Kasten).

DER LEBENSWICHTIGE TRIGEMINUS-NERV

Normalerweise werden alle Gerüche durch primäre Sinneszellen in der Regio olfactoria aufgenommen und die Informationen darüber durch entsprechende Nerven an das Riechhirn weitergeleitet. Allerdings konnte man feststellen, dass die Riechleistung nicht völlig verloren geht, auch wenn der Riechnerv zum Beispiel durch eine Verletzung zerstört wird. Dieses Phänomen ist dem Trigeminus-Nerv zu verdanken. Denn in dem respiratorischen Bereich der Nase enden auch feinste Verzweigungen des Trigeminus-Nervs, die bestimmte Gerüche in höherer Konzentration wahrnehmen können. Hierzu gehören zum Beispiel Salzsäure, Essigsäure oder Ammoniak, also alles gefährliche oder schädigende Stoffe. Somit ist dieser Riechsinn überlebenswichtig. Beim Einatmen von Chloroform oder Ammoniak in hoher Konzentration löst er sogar einen Atemstillstand aus, damit der Körper nicht noch mehr von diesen schädlichen Stoffen aufnimmt.

Die bisherige Beschreibung trifft auf alle höher entwickelten Wirbeltiere zu. Allerdings ist beim anatomischen Aufbau schon ein Unterschied zwischen Mikrosmaten und Makrosmaten zu erkennen.

Ist der Nasenraum eines Menschen relativ „übersichtlich" und das Riechepithel nur etwa 5 Quadratzentimeter groß, ist beim Hund durch die zahlreichen **Auffaltungen** (wie oben beschrieben) die Oberfläche des Riechepithels um einiges vergrößert. Es kann etwa 200 Quadratzentimeter umfassen und ist somit ungefähr bis zu vierzig Mal größer als beim Menschen.

Hierbei muss man aber berücksichtigen, dass diese Größe auch von der Körpergröße des Hundes abhängt. Bei einem Dackel ist zum Beispiel die Riechschleimhaut kleiner als bei einem großen Laufhund. Daher ist klar, dass ein Bloodhound eher zu den „Supernasen" gehört als ein kleiner Hund. Aber dazu später noch mehr.

Auch die **Schädelform** bestimmt, wie stark das Riechepithel eines Hundes ausgedehnt ist. Sehr kurznasige **(brachycephale)** Tiere haben einfach viel weniger

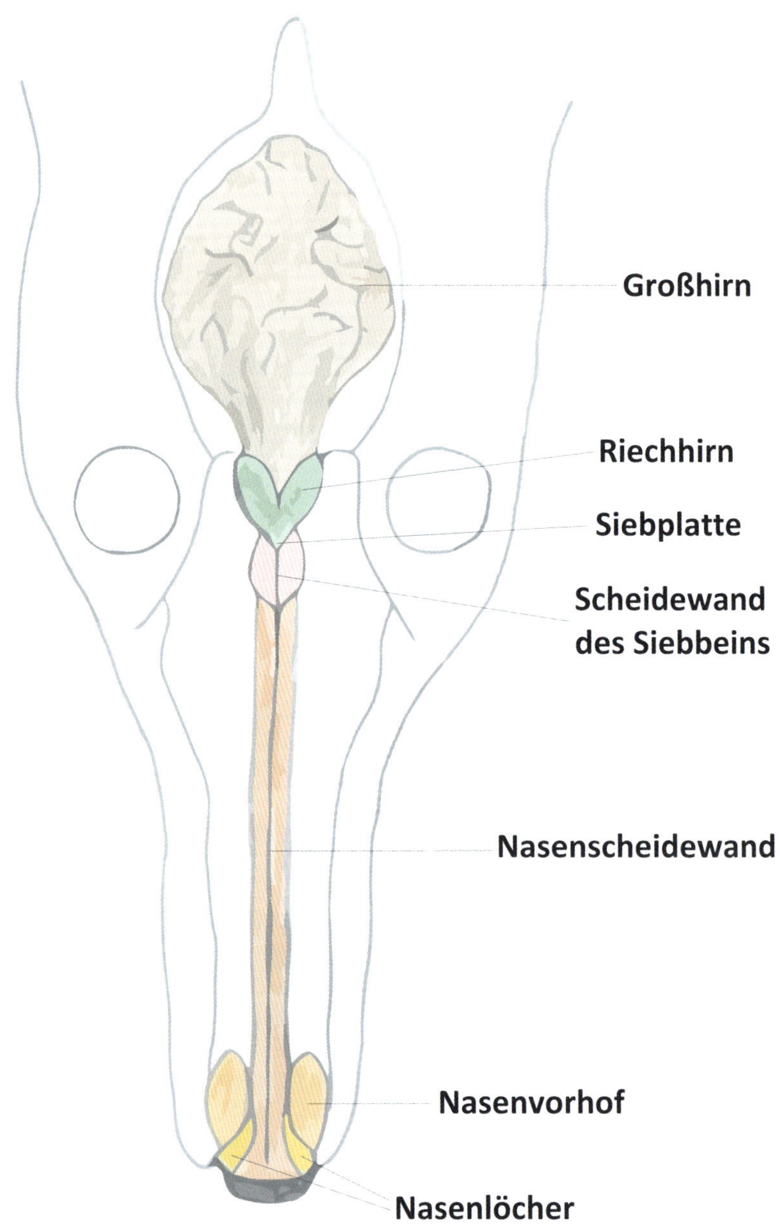

Hundekopf von oben gesehen.

Platz, obwohl auch ihre Riechschleimhaut kompliziert gewunden und zur Oberflächenvergrößerung in tiefe Falten gelegt ist. Da die Riechzellendichte aber nicht erhöht wird, besitzen Hunde mir kurzer Schnauze folglich weniger Riechzellen als die langnasigen **(dolichocephalen)** Rassen. Somit ist es klar, dass man bei der sehr anspruchsvollen Nasenarbeit in der Regel Hunde einsetzt, die eine relativ lange Schnauze und damit Nase besitzen, einfach weil sich möglichst viele Riechzellen entwickeln können.

Auch das **Vomeronasalorgan** (siehe Seite 25 ff.) hat in einem kurzen Schädel weniger Raum zur Verfügung als in einem längeren und ist dadurch in seiner Fähigkeit etwas eingeschränkt.

Somit ist das Geruchsvermögen der Hunde sehr individuell und lässt sich nicht für alle Rassen oder Größen verallgemeinern. Je größer das Riechfeld ist, umso mehr Sinneszellen haben aber darauf Platz.

Bei brachycephalen Hunden können sich nicht so viele Riechzellen entwickeln wie bei dolichocephalen Hunden.

Physiologie der Hundenase

Im Gegensatz zu den nur 12 bis 40 Millionen Riechzellen, die ein Mensch besitzt, wird die Anzahl der Riechzellen beim Hund auf bis zu 300 Millionen (es gibt sogar noch wesentlich höhere Schätzungen) angegeben. Kein Wunder also, dass seine Nase so „fein" ist. Ein Rüde riecht eine läufige Hündin noch auf drei Kilometer Entfernung. Und die hervorragende Leistung von ausgebildeten Drogen- oder Sprengstoffspürhunden beruht darauf, dass ein Hund Gerüche etwa eine bis zehn Millionen Mal (auch hier gehen die Schätzungen weit auseinander) besser wahrnehmen kann als ein Mensch.

Die Anzahl und Beschaffenheit der Rezeptorzellen ist genetisch festgelegt. Beim Hund sind allein etwa 1300 **Gene** für die Ausbildung der Riechzellen verantwortlich. Das sind ungefähr 30 Prozent mehr als beim Menschen, bei dem etwa

1000 Gene daran beteiligt sind. Auch dies ist wieder ein Beleg dafür, wie viel bedeutender der Geruchssinn für den Hund ist.

Die höhere Riechzellenzahl verbessert zwar die Riechschärfe, ist aber nicht allein der Grund dafür, dass der Hund eine Spur sicher verfolgt oder einen schwachen Geruch wahrnehmen kann. Dies hängt nämlich weiterhin von rassespezifischen Eigenschaften und Verhaltensweisen ab, ebenso von der Motivation und dem Ausbildungsstand. Die Art, wie ein Hund seine Nase einsetzt und wie intensiv er sich mit seiner Aufgabe beschäftigt, ist auch dafür verantwortlich.

Für eine optimale Nasenleistung muss die Hundenase immer feucht genug sein.

In der Regel ist eine Hundenase kühl und feucht. Feuchte Sekrete werden von den **Schleimdrüsen** in der Nasenhöhle abgegeben und sorgen dafür, dass Moleküle aus der Luft aufgefangen und in kleinere Bestandteile aufgespalten werden. Somit werden die Geruchstoffe schon in kleineren Molekülen, als sie ursprünglich waren, an die Riechzellen weitergeleitet – das ist wieder mit ein Grund dafür, dass Hunde feinste Unterschiede von Düften wahrnehmen können.

Damit ein Hund bei der Nasenarbeit volle Leistung erbringen kann, muss also dafür Sorge getragen werden, dass seine Nase bzw. das Riechepithel immer feucht genug ist.

Für die maximale Aufnahme von Geruchsstoffen unterbricht der Hund seine normale Atmung durch das typische schnelle Schnüffeln, was auch als **Schnüffelatmung** bezeichnet wird. Sie zeichnet sich dadurch aus, dass der Hund über eine gewisse Zeit plötzlich und kurz ein- und ausatmet, und zwar bis zu 300-mal pro Minute. Übrigens hat man festgestellt, dass die Frequenz der Schnüffelatmung ansteigt, wenn der Hund in der Dunkelheit einer Spur folgt.

NASENARBEIT IST SCHWERSTARBEIT

Nasenarbeit ist für einen Hund sehr anstrengend. Schon nach 20 bis 30 Minuten intensiver Nasenarbeit kann seine Körpertemperatur auf 40 °C ansteigen. Auch die Herzfrequenz nimmt zu, je schwieriger ein Geruch zu identifizieren ist, da hierfür die Frequenz der Schnüffelatmung erhöht wird. Dies alles hat zur Folge, dass der Hund mehr Körperflüssigkeit verbraucht. Daher muss ihm während der Nasenarbeit regelmäßig Trinkwasser angeboten werden, damit er seinen Wasserhaushalt ausgleichen und auch seine Nase feucht genug halten kann.

Wie schon erwähnt, wird beim Hund die eingeatmete Luft durch zwei verschiedene Bereiche weitergeleitet. Der größte Teil wandert direkt in die Lunge, ein kleiner Teil – etwa 12 Prozent der aufgenommenen Luft – wird durch einen knöchernen Gang zum Riechepithel geleitet. Beim normalen Ausatmen wird dieser Bereich somit nicht beeinträchtigt, es können also keine Duftstoffe durch ein Auswaschen „verloren“ gehen.

Hier werden die Duftmoleküle, die nur durch ein einzelnes Einatmen nicht wahrgenommen würden, angesammelt und treten dann in Interaktion mit den Riechzellen. Sie werden aufgrund ihrer chemischen Zusammensetzung „ausgesiebt“, sodass nur erkennbare Geruchsmoleküle an die Riechzellen gelangen. Sie werden von der Schleimschicht aufgenommen und über die Zilien der Sinneszellen verteilt.

Das Schlüssel-Schloss-Prinzip

Wie werden aber nun verschiedene Gerüche von den Riechzellen wahrgenommen und vor allem, wie werden sie unterschieden? Mit diesem Phänomen haben sich Forscher schon vor vielen Jahren beschäftigt. Zunächst fand man heraus, dass Gerüche durch das sogenannte Schlüssel-Schloss-Prinzip wahrgenommen werden. Damit ist gemeint, dass bestimmte Moleküle eine gewisse Struktur aufweisen, die nur von speziellen Riechzellen, die dafür das passende „Schloss“ haben, aufgenommen werden können. Allerdings ist dadurch nicht eindeutig geklärt, wie dann Zehntausende oder sogar Hunderttausende von verschiedenen Gerüchen differenziert werden können, da es wohl kaum so viele verschiedene „Schlösser“ geben kann.

Zunächst hat man die verschiedenen Gerüche in einzelne Kategorien eingeteilt. Man unterscheidet campherartig, moschusartig, blumenduftartig, mentholartig, ätherisch, beißend und faulig. Alle Gerüche werden einer dieser Gruppen zugeordnet. Und alle ähnlich riechenden Stoffe haben auch eine ähnliche Molekülstruktur.

Neuere Forschungsergebnisse haben gezeigt, dass es ungefähr 1000 verschiedene Rezeptortypen gibt, das heißt, dass also etwa tausend verschiedene Molekülstrukturen von den passenden Riechzellen identifiziert werden können. Man hat auch festgestellt, dass entsprechend viele Proteine in der Nasenschleimhaut einem bestimmten Duft zugeordnet werden können. Diese Proteine werden durch den passenden Duft aktiviert und lösen in den Rezeptorzellen einen elektrischen Impuls aus, der direkt über den Riechnerv an das Gehirn weitergeleitet wird.

Trotzdem ist jetzt noch nicht erklärt, wie ein Hund über hunderttausend verschiedene Gerüche identifizieren kann. Dies erfolgt durch die Aktivierung verschiedener Riechzellen. Die Kombinationsmöglichkeiten sind bei etwa tausend verschiedenen Rezeptortypen natürlich sehr groß. Werden also zum Beispiel fünf verschiedene Rezeptortypen durch fünf verschiedene Arten von Duftmolekülen aktiviert, werden verschiedene Nervenimpulse an das Gehirn weitergeleitet. Sie sind somit eine Art Code für eine Geruchsmischung, die im Gehirn abgespeichert wird und von jeder anderen Geruchsmischung unterschieden werden kann. Und da der Geruchssinn schon beim Welpen im Mutterleib aktiv ist, beginnen Hunde schon vor der Geburt damit, ihren Datenspeicher in Sachen Geruch ständig zu vergrößern.

Diese komplexen Vorgänge erfolgen zudem in einer unfassbar schnellen Geschwindigkeit, was erklärt, warum Hunde auch häufig in rasantem Tempo einer Spur folgen und sich dennoch gleichzeitig an den Gerüchen orientieren können.

Damit Duftstoffe aufgenommen werden können, müssen sie in einen gasförmigen Zustand übergehen. Das heißt, wenn etwas fest oder flüssig ist, kann

Nasenarbeit ist für jeden Hund Schwerstarbeit.

der Geruch nur wahrgenommen werden, wenn er gasförmig ist. Riechbare Stoffe müssen demnach einen ausreichend hohen Dampfdruck haben, also gut flüchtig sein. Was das bei der Nasenarbeit des Hundes im realen Einsatz für eine Rolle spielt, wird später noch erklärt.

Kontinuierliches Riechen

Wenn wir Menschen durch die Nase ausatmen, wird die Luft auf demselben Wege nach außen transportiert, auf dem sie hineingekommen ist, und drückt die in dem Moment ankommenden Geruchsstoffe nach draußen. Somit können wir während des Ausatmens nicht gleichzeitig riechen.

Atmet ein Hund aus, wird die Luft jedoch durch die seitlichen Schlitze der Nasenlöcher geleitet. Auf diese Art werden neue Geruchsstoffe gleichzeitig in die Nase hineingeleitet. Dadurch können Hunde nahezu kontinuierlich Gerüche wahrnehmen, und zwar sowohl beim Ein- als auch beim Ausatmen.

Stereoriechen

Der Mensch kann seine Nasenlöcher nicht unabhängig voneinander bewegen. Hunde können das. Dieses Phänomen in Verbindung mit der Tatsache, dass die Reichweite der eintretenden Luft bei jedem Nasenloch kleiner ist als der Abstand zwischen beiden Nasenlöchern, erlaubt einem Hund das sogenannte Stereoriechen. Er kann genau feststellen, mit welchem Nasenloch er den Geruch aufgenommen hat. Somit kann er die Richtung feststellen, aus welcher der Duft kommt. Dies äußert sich darin, dass ein Hund bei einem besonders spannenden Geruch seinen Kopf immer wieder hin und her oder in verschiedene Richtungen bewegt, um genau zu orten, wo der Duft herkommt.

Das Jacobson'sche Organ

Im Gegensatz zum Hör- oder Gesichtssinn wird der Geruchssinn eines Hundes nicht nur von einem, sondern von mehreren sensorischen Systemen gesteuert. Neben den normalen Riechzellen in der Nasenhöhle gibt es noch das Jacobson'sche Organ oder **Vomeronasalorgan** (VNO) mit eigenen Rezeptorzellen, die auf die Wahrnehmung spezieller chemischer Stoffe spezialisiert sind.

Das Jacobson'sche Organ befindet sich beim Hund oben am Gaumen hinter den Schneidezähnen (siehe auch Grafik Seite 18), besitzt aber auch durch zwei kleine Öffnungen eine Verbindung zur Nasenhöhle. Bisher wurde vermutet, dass es vor allem für die sexuelle Stimulation und die Information über den Fortpflanzungsstatus – wenn ein Rüde zum Beispiel die Spur einer läufigen Hündin riecht – verantwortlich ist. Die hier aufgenommenen Gerüche spielen aber auch

Das Jacobson'sche Organ spielt für das Sozialverhalten, aber auch für das Identifizieren einer Beute eine wichtige Rolle.

eine wichtige Rolle beim Sozialverhalten, zum Beispiel zwischen Eltern und ihrem Nachwuchs oder in der Rudelhierarchie, und sogar beim Identifizieren einer möglichen Beute.

Wie die Nase ist das VNO auch paarig und symmetrisch aufgebaut. Beim Hund ist es sehr stark ausgeprägt im Gegensatz zu vielen anderen Säugetieren. Es besteht aus zwei mit Flüssigkeit gefüllten **Hauttaschen**, die auf beiden Seiten unterhalb der Basis der Nasenscheidewand liegen. Das VNO ist in drei Bereiche aufgeteilt, die jeweils mit speziell angeordneten, großen und tief eingelagerten Blutgefäßen versorgt werden. Schon während der Embryonalphase entwickelt sich dieses Organ. Schließlich entsteht eine blind endende Röhre in der Nasenscheidenwand, welche in die Nasen- oder Mundhöhle führt.

Die **Riechzellen** im VNO unterscheiden sich anatomisch von denen des Riechepithels, denn sie sind nicht mit Zilien besetzt. Man findet außerdem zwei spezielle Typen von Riechrezeptoren, die eine direkte Verbindung zum **Hypothalamus** haben und an dessen Aktivität beteiligt sind. Die Hypothalamus-Region reguliert wiederum das Verhalten für Fortpflanzung, Abwehr und Nahrungsaufnahme und wirkt auch als eine Art Initiator beim Sexualverhalten. Man kann vermuten, dass diese Funktion mit eine Rolle dabei spielt, dass Hunde andere Tiere und Menschen individuell unterscheiden können.

Dieses wundersame Geruchsorgan hat aber keine direkte Verbindung zum Riechfeld der Nase. Die Duftstoffe gelangen über die Nase sowie über einen kleinen mit der Mundhöhle verbundenen Gang zum Vomeronasalorgan. Dieses Organ hat seinen Namen erhalten, da es sich auf dem sogenannten **Pflugscharbein**, wissenschaftlich als **Vomer** bezeichnet, befindet, und zwar im oberen Teil der Mundhöhle des Hundes kurz vor dem harten Gaumen.

Das VNO reagiert weniger auf die über die Nase zugeführten leicht flüchtigen Duftstoffe, sondern eher auf die schwereren Geruchspartikel aus der Mundhöhle. Es handelt sich dabei vor allem um Pheromone, die von anderen Hunden durch Körperflüssigkeiten ausgeschieden wurden. Interessant ist, dass diese Duftstoffe im Tierreich nur bei Artgenossen die richtige Wirkung erzielen.

FLEHMEN UND SCHNATTERN

Manche Tierarten, die mit diesem Organ Gerüche wahrnehmen, zeigen das als Flehmen – besonders von Pferden oder Schafen – bekannte Verhalten, wobei die Oberlippe hochgezogen wird. Bei Hunden ist der Einsatz dieses Organs mit erhöhter Speichelproduktion und Lecken verbunden, um möglichst viele Duftmoleküle an die Sinneszellen heranzuführen. Außerdem saugen Hunde die Umgebungsluft laut hörbar durch den Mund ein und lassen bei der geruchlichen Kontrolle der Umgebung oft ein markantes „Schnattern" hören.

Obwohl die Rezeptormoleküle der normalen Riechzellen und des VNO aufgrund der Aminosäuresequenzen erhebliche Unterschiede aufweisen, gibt es dennoch gewisse Übereinstimmungen bei den Komponenten, auf die sowohl die Hundenase als auch das VNO reagieren. Das ist auch wieder ein Hinweis dafür, dass diese beiden Riechorgane zumindest auf bestimmte Gerüche gleichzeitig reagieren. Dies führt zu einer kombinierten Nutzung beider Riechorgane, die aber nicht stereotyp verläuft. Das Gehirn nimmt von beiden Riechorganen getrennt die Informationen auf und analysiert sie auch unabhängig voneinander.

Diese „Zweiwegenutzung" könnte somit eine weitere Erklärung und mit ein Grund für die außerordentliche Riechleistung von Hunden sein.

Riechen ist angeboren

Die Sinnesorgane des Hundes sind wie bei den meisten Tierarten an die spezielle Lebensweise angepasst. Die besonderen Fähigkeiten werden nicht erlernt, sondern sind genetisch festgelegt und somit angeboren. Aber dennoch ist ein neugeborener Welpe noch längst nicht zu allem fähig wie ein erwachsener Hund. So kommen Welpen blind und taub auf die Welt und können erst nach etwa 14 Tagen, wenn sich die Augen und Ohren allmählich öffnen, im wahrsten Sinne des Wortes langsam das „Licht der Welt erblicken" und Geräusche wahrnehmen. Es braucht dann einige Tage oder sogar Wochen – je nach Sinnesorgan –, bis die endgültige Leistungsfähigkeit erreicht ist.

Beim Geruchssinn verhält es sich dagegen etwas anders. Schon kurz nach der Geburt kann ein Welpe bestimmte Duft- und Geschmacksstoffe wahrnehmen. Dies ist für ihn auch besonders wichtig, da die Hündin nur in der Zeit, in der sie ihren Nachwuchs aufzieht, bestimmte Duftstoffe abgibt, die ihren Kleinen Geborgenheit vermitteln und bei ihnen Stress vermindern. Diese Stoffe werden bei Hunden als „dog appeasing pheromone" bezeichnet, was so viel wie „beruhigender Botenstoff" bedeutet. Übrigens wirken sie auch auf erwachsene Hunde und werden sogar bei der Verhaltenstherapie von ängstlichen Hunden eingesetzt.

Neuere Untersuchungen haben ergeben, dass Welpen sogar schon im Mutterleib lernen, verschiedene Gerüche zu unterscheiden. Denn es hat sich gezeigt, dass Welpen nach der Geburt für bestimmte Nahrung, welche der Mutter während der Schwangerschaft gegeben wurde, Vorlieben zeigten. Somit müssen sie schon im Mutterleib diese Geruchsstoffe wahrgenommen haben.

Diese frühe Lernphase mithilfe des Geruchssinns kommt bei vielen Säugetieren vor. Ein Grund dafür kann sein, dass möglichst von Anfang an nicht die Gefahr besteht, dass giftige Stoffe aufgenommen werden. Da aber Wölfe und auch Hunde die ersten Wochen mit Muttermilch ernährt und danach noch über eine längere Zeit von den Eltern mit Nahrung versorgt werden, scheint der Schutz vor giftigen Stoffen weniger ein Grund dafür zu sein.

Weil Gerüche für das Sozialleben von Wölfen und Hunden eine übergeordnete Rolle spielen, erscheint es jedoch logisch, dass die Kleinen so früh wie möglich lernen, Gerüche zu unterscheiden und ihre Bedeutung richtig einzuschätzen. Denn Geruchsempfindungen haben von allen Wahrnehmungen den stärksten Erinnerungswert und sind sehr stimmungsbetont – die typischen Eigenschaften des ursprünglichsten Sinnesorgans.

Der Geruchssinn ist beim Hund schon von Geburt an ausgebildet und wird dann in den ersten Lebensmonaten noch verfeinert.

Obwohl ein Welpe also schon vor seiner Geburt Gerüche wahrnehmen kann, entwickelt sich diese Fähigkeit in den ersten Lebensmonaten immer weiter, bis sie die Empfindlichkeit erreicht hat, die den Geruchssinn mit seiner enormen Leistungsfähigkeit beim Hund auszeichnet.

Wer einen Welpen in seiner Entwicklung beobachtet, wird feststellen, wie schnell er in den ersten Lebensmonaten lernt seine Nase einzusetzen, die für ihn mit der Zeit immer wichtiger bei der Entdeckung seiner Umwelt ist.

Leider gibt es noch keine wissenschaftlichen Untersuchungen darüber, wie stark die Nasenleistung eines Hundes genetisch bedingt ist und wie eine besonders gute Leistung durch Vererbung weitergegeben werden kann. Fest steht nur, dass es bestimmte Rassen gibt, die eine wesentlich bessere Riechleistung aufweisen als andere. Ob oder wie sehr innerhalb einer Rasse oder eines Rassetyps dies durch gezielte Zuchtauswahl verbessert werden kann, ist nicht bekannt.

Die Hundenase wird nicht müde

Der ausgeprägte Geruchssinn scheint beim Hund nie überlastet zu werden, ob beim ernsten Einsatz oder beim täglichen Spaziergang. Auch wenn die ausgewählte Strecke, die man abläuft, oder die Gegend immer dieselbe ist, wird es dem Hund nie langweilig, hat er doch ständig neue Gerüche aufzunehmen und kann sich auf diese Art über die aktuelle Situation informieren.

Der Geruchssinn des Hundes untergliedert die aufgenommenen Gerüche in eine Vielzahl von Einzelwahrnehmungen. Er riecht sozusagen Bilder, die der Geruchssinn in seinem Gehirn aufgliedert, so wie beim Menschen optisch Erfasstes umgesetzt wird.

Zwar adaptieren die Riechsinneszellen auch und die Sensoren gewöhnen sich an bestimme Gerüche. Aber sobald eine andere Duftwolke mit veränderter Konzentration oder Molekülzusammensetzung in das Riechorgan einströmt, werden die adaptierten Sinneszellen wieder aktiviert. Indem ein Hund beim Verfolgen einer Fährte ständig im Zickzackkurs folgt, werden die Riechsinneszellen also wieder sensibilisiert.

Außerdem wird die Luft beim Schnuppern nicht mit einem einzelnen langen Atemzug eingesogen, sondern durch die Schnüffelatmung (wie schon oben erwähnt) stoßweise aufgenommen. Auch dadurch werden die Sensoren ständig auf Empfang gehalten. Allerdings können bestimmte Umwelteinflüsse auch die Arbeit beeinträchtigen, wie das Auftreten von Blütenstaub beispielsweise von Raps, da er die Nase verkleben kann. Auch das muss besonders bei einem Rettungshund im Einsatz berücksichtigt werden.

Aber auch wenn jede Riechzelle durch das stoßweise Atmen immer wieder kleine Ruhepausen hat, strengt das Verfolgen einer Duftspur einen Hund sehr an. Es ist für ihn wirklich Schwerstarbeit und führt auch zu einer erhöhten Körpertemperatur und zu einer höheren Herzfrequenz. Ist der Geruch nur sehr schwer aufzunehmen, verkürzen sich auch die Ruhephasen zwischen den stoßweisen Atemzügen. Die Ausatmung erfolgt dann auch häufiger durch das Maul.

Auf alle Fälle muss man bei der Nasenarbeit auf solch feine Reaktionen seines Hundes achten, um auch abschätzen zu können, wann eine richtige Pause sinnvoll ist. Nach 20 bis 30 Minuten intensiver Nasenarbeit sollte sich der Hund auf alle Fälle erholen dürfen. Ebenso sollte ihm zwischendurch Wasser angeboten werden, um den Flüssigkeitshaushalt seines Körpers ausgleichen zu können. Denn durch diese anstrengende Tätigkeit in Verbindung mit der Schnüffelatmung verbraucht der Hund natürlich auch viel Flüssigkeit. Außerdem kann die Hundenase nur die höchste Leistung erzielen, wenn sie genug angefeuchtet ist.

Wie schnell oder intensiv ein Hund auf einen bestimmten Duft reagiert, hängt davon ab, wie wichtig und interessant der Geruch für ihn ist. Da ein Hund in einer Welt voller verschiedener Düfte lebt, muss er einfach die meisten davon „links liegen lassen", um sich auf die wichtigen konzentrieren zu können. Somit entsteht für jede Duftnote eine Art Aufmerksamkeitsschwelle. Je niedriger diese Schwelle ist, umso eher reagiert ein Hund auf den Geruch. Und diese Aufmerksamkeitsschwelle lässt sich durch das richtige Training herabsenken. Somit kann man die Leistung des Hundes bei seiner Nasenarbeit durchaus gezielt verbessern. Wie das in der Praxis aussieht, wird auch im Kapitel der verschiedenen Einsatzbereiche näher erläutert.

Veränderung oder Beeinträchtigungen der Nasenleistung

Die Riechschärfe eines Hundes verändert sich altersabhängig. Im Alter von etwa acht bis 16 Wochen hat das Riechorgan die Leistung eines erwachsenen Hundes erreicht. Im Laufe der Jahre mit zunehmendem Alter büßt sie dann wieder etwas ein, wobei bis ins hohe Alter die Nase dennoch funktionsfähiger bleibt als beispielsweise Gehör und Gesichtssinn.

Bei geschlechtsreifen Hündinnen erreicht die Riechleistung immer einen Höhepunkt während der Läufigkeit, da die Empfindlichkeit des Geruchssinns zyklusabhängig leicht schwankt. Der erhöhte Östrogenspiegel spielt hierbei eine

Auch wenn die Hundenase immer einsatzbereit ist, sollte man dem Hund bei der Nasenarbeit regelmäßig eine Erholungspause gönnen.

PAUSEN SIND WICHTIG

Übrigens wirkt es sich nicht negativ auf die Sucharbeit eines Hundes aus, wenn er zwischendurch eine Pause macht. Frisch erholt kann er anschließend an demselben Punkt der Spur wieder eingesetzt werden, an dem er aufgehört hat, und seine Arbeit fortsetzen. Handelt es sich jedoch um einen realen Einsatz, bei dem es bei der Suche um jede Minute geht (zum Beispiel bei der Suche von verschütteten Personen nach einem Erdbeben oder in einem eingestürzten Gebäude), um Leben zu retten, sollte jeder Hund nach 10 bis spätestens 20 Minuten (abhängig von den Umweltbedingungen) von einem „frischen" Rettungshund abgelöst werden, um nicht unnötig Zeit zu verlieren.

Wird ein Hund für die Flächensuche oder als Mantrailer eingesetzt, kann die Zeit, in welcher der Hund arbeitet, sehr viel länger sein. Auch hier hängt aber die reale Einsatzzeit auch sehr von den Umweltbedingungen ab. Mehr dazu wird in den jeweiligen Kapiteln detailliert beschrieben.

Rolle. Auch die Empfindlichkeit des Jacobson'schen Organs scheint während dieser Zeit höher zu sein, was auch logisch ist, da hierdurch ein passender Paarungspartner besser ausfindig zu machen ist.

Bei Rüden ist die Leistungsfähigkeit immer gleich hoch und ist keinen zyklus- oder jahreszeitlich bedingten Änderungen unterworfen.

Auch wenn die Nasenleistung von Hunden außergewöhnlich ist, kann sie dennoch durch verschiedene Faktoren beeinträchtigt oder sogar im schlimmsten Fall vollständig eingeschränkt werden.

So wird zum Beispiel das völlige Fehlen des Geruchssinns als **Anosmie** bezeichnet. Bei Hunden sind dann die häufigsten Ursachen Nasenschleimhautentzündungen (Rhinitis), die durch Bakterien, Viren wie zum Beispiel bei Staupe oder Zwingerhusten sowie Pilze verursacht werden. Aber auch Tumoren können die Ursache sein.

Ebenso können Infektionen der Mundhöhle so ausstrahlen, dass sie die Riechschleimhaut stark beeinflussen und damit die Riechleistung erheblich einschränken. Ursachen hierfür können ein Abszess oder eine Mund-Nasen-Fistel sein.

Zahnsteinbefall oder eine milde parodontale Erkrankung mögen die Riechleistung vielleicht vorübergehend auch etwas beeinträchtigen, haben aber sicherlich nicht so starke Auswirkungen, dass sie erheblich oder ganz eingeschränkt ist.

Sollte ein Hund an irgendeiner Erkrankung im Bereich Maulhöhle, Nasen- und Rachenraum erkranken, muss man also damit rechnen, dass sein Riechorgan nicht voll einsatzfähig sein kann.

Die Suche

Nachdem nun genau erklärt wurde, wie die Riechorgane des Hundes aufgebaut sind und wie sie funktionieren, stellt sich natürlich die Frage, auf was die Nasenarbeit unserer Vierbeiner bei der Suche nach Personen basiert. Welche Duftstoffe spielen dabei eine Rolle und wo kommen die her? Welche Umweltreize können die Riechleistung beeinflussen und wie alt kann eine Spur sein, die vom Hund noch wahrgenommen wird? Kann ein Hund die Richtung ausmachen, in die ein Mensch gelaufen ist? Diese und viele weitere Fragen werden im folgendem Kapitel beantwortet.

Viele verschiedene Faktoren spielen bei der Orientierung am Geruch eine Rolle, so auch Sonneneinstrahlung, Temperatur und Feuchtigkeit.

Orientierung am Geruch

Für uns Menschen häufig unverständlich ist die Situation, in der ein Hund heftig schnuppernd an einer Stelle verharrt, um dann plötzlich eine bestimmte Richtung einzuschlagen und der Spur, die wir noch nicht einmal erahnten können, zu folgen. Hier lohnt es sich, der Fähigkeit seines Hundes zu vertrauen. Denn grundsätzlich lügt ein Hund nicht und hat einen besonderen Grund, warum er diesen Weg wählt. Denn der Hund kann die kleinsten Konzentrationsunterschiede desselben Geruchs feststellen.

An dieser Stelle sei schon darauf hingewiesen, dass es einen erheblichen Unterschied macht, ob ein Hund als Mantrailer arbeitet oder für die Trümmer-, Flächen-, Lawinen- oder Wassersuche eingesetzt wird.

Der größte Unterschied ist der, dass sich ein Mantrailer den Geruch einer bestimmten Person einprägen muss und nur diesem Geruch folgt und genau die gesuchte Person zu finden – und das im Idealfall auch unter erschwerten Bedingungen mit einer Unmenge an Fremdgerüchen wie zum Beispiel in der Stadt oder an anderen belebten Stellen.

Die anderen Rettungshund-Disziplinen sind darauf ausgelegt, dass der Hund ein bestimmtes Gebiet oder eine bestimmte Fläche absucht und anzeigt, wenn er einen Menschen gefunden hat, und zwar ist es dabei völlig egal, um wen es sich handelt. Hier wird also nicht eine bestimmte Person gesucht, sondern der Hund muss den Geruch von allen Menschen, die sich in diesem Bereich befinden, wahrnehmen und verfolgen. Daher ist eine solche Art des Einsatzes in einer Stadt, auf dem Jahrmarkt oder im Bahnhof – um nur einige Bespiele zu nennen – nicht möglich.

Die Bezeichnungen der einzelnen Disziplinen sagen schon aus, was die Aufgabe betrifft. Bei der Flächensuche wird eine größere Fläche – meistens handelt es sich um ein Waldstück – abgesucht. Bei der Trümmersuche suchen die Hunde nach Verschütteten in Gebäudetrümmern oder bei einem Erdrutsch. Der Lawinensuchhund spürt im Schnee verschüttete Personen auf. Und bei der Wassersuche soll der Hund anzeigen, wo im Gewässer sich ein Mensch befindet.

Diese einzelnen Bereiche werden später in den entsprechenden Kapiteln genauer behandelt, daher wird hier nicht näher darauf eingegangen.

Individualgeruch

Auch wenn manchmal die Bezeichnungen dafür in verschiedenen Forschungsberichten unterschiedlich sind, ist man sich einig, dass für Hunde beim Verfolgen einer Geruchsspur oder beim Auffinden von einem menschlichen Geruch grundsätzlich zwei Typen von Düften eine Rolle spielen.

Zum einen gibt es den Individualgeruch einer Person. Er setzt sich zusammen aus Duftstoffen, die von der Haut, von Talgdrüsen und verschiedenen anderen Sekretionsdrüsen ausgeschieden werden. Hier unterscheidet man zwischen **merokrinen** (auch ekkrigen) Drüsen – das sind Schweißdrüsen die wässrige Sekrete abgeben – und **apokrinen** Drüsen – das sind Drüsen, bei denen die Sekrete konzentrierter sind und auch Zellbestandteile in Form von Proteinen enthalten. Abgestorbene Hautzellen und Haare enthalten natürlich auch eine Menge an Duftstoffen.

Eine besonders große Bedeutung für den Individualgeruch haben abgestorbene Hautzellen und Hautschuppen, die ständig vom Körper abgegeben werden und sich in der Luft und am Boden verteilen. Man schätzt, dass pro Minute vom menschlichen Körper etwa 40.000 solcher Hautschuppen abgestoßen werden. Im Fachjargon werden sie häufig als „rafts“ (in Anlehnung an die englische Bezeichnung) bezeichnet. Personen, die an bestimmten Hauerkrankungen leiden, geben sogar noch mehr von diesen abgestorbenen Hautzellen ab.

Die Größe dieser Zellen bewegt sich im Mikrometerbereich. Je kleiner die Hautschuppen sind, umso länger treiben sie in der Luft und umso weiter können sie durch Wind von der eigentlichen Spur eines Menschen weggeweht werden. Größere und dadurch auch schwerere Schuppen sinken schneller ab und sind eher am Boden zu finden.

Der eigentliche Geruch eines Menschen wird aber nicht nur direkt durch die Hautzellen bestimmt, sondern vor allem durch die bakterielle Zersetzung der Zellen. Bakterien zerlegen jede Zelle und auch andere Körperausscheidungen in ihre Bestandteile, die dann zu einer individuellen Duftmischung führt. Proteine, die häufig Bestandteil von Ausscheidungen sind, werden sogar in einzelne Aminosäuren zerlegt, die wiederum in noch einfachere Moleküle aufgeteilt werden. Und solche Kombinationen der verschiedenen chemischen Stoffe, die sich sowohl in Dämpfen als auch Gasen befinden, ermöglichen eine enorme Vielfalt an individuellen Gerüchen.

Der Individualgeruch kann zum Beispiel in einem Auto, in dem die Person gesessen hat, aufgenommen werden.

Der Duft eines Menschen wird durch viele verschiedene Komponenten beeinflusst, sodass man eigentlich sagen kann, dass jeder Mensch einen individuellen Geruch besitzt, der mit keinem anderen verwechselt werden kann – wenn man denn eine entsprechend empfindliche Nase hat.

Genetisch bedingt wird der menschliche Geruch durch den **MHC-Genkomplex** (MHC = englisch: **M**ajor **H**istocompatibility **C**omplex) festgelegt. Dieser Genkomplex sorgt einerseits für die Produktion von Antigenen, die eine wichtige Rolle in unserem Immunsystem spielen. Sie gehören zur Gruppe der Glykoproteine und sind

Bestandteile der Plasmamembran von Zellen. Da es mindestens 20 verschiedene MHC-Gene mit jeweils rund 100 Allelen von jedem Gen gibt, ist es so gut wie unmöglich, dass zwei Menschen die gleichen MHC-Marker besitzen. Das ist wichtig, damit das Immunsystem sofort feststellen kann, ob es sich um körpereigene oder fremde Zellen handelt, und gegebenenfalls darauf reagieren kann. Einzige Ausnahme sind hier eineiige Zwillinge, da sie dieselben MHC-Gene besitzen.

Mit dem MCH-Genkomplex ist aber eben auch der Individualgeruch eines Menschen gekoppelt. Somit ist der Eigengeruch von zwei Menschen umso ähnlicher, je näher sie verwandt sind. Auch hier bilden eineiige Zwillinge wieder die Ausnahme. Bei ihnen kann der individuelle Eigengeruch identisch sein.

Daher wurde auch bis vor Kurzem angenommen, dass Hunde eineiige Zwillinge, die auch noch eine ähnliche Lebensweise haben und sich gleich ernähren, nicht aufgrund ihres Geruches unterscheiden können. Ein Experiment im Jahr 2011 mit zehn Deutschen Schäferhunden, die als Polizeihunde ausgebildet waren, hat aber diese These auch wieder infrage gestellt. Denn die Hunde konnten tatsächlich eineiige Zwillinge, die gleich lebten und sich gleich ernährt haben, anhand ihres Geruches unterscheiden. Somit kann man sagen, dass eigentlich jeder einzelne Mensch von einem Hund zu identifizieren ist.

Der individuelle Geruch einer Person wird aber auch durch andere Faktoren beeinflusst wie zum Beispiel durch Kleidung, Waschmittel, Seifen und andere Kosmetikprodukte. Allerdings lässt sich der Individualgeruch eines Menschen

DÜFTE LASSEN IM ALTER NACH

Erst kürzlich hat man herausgefunden, dass ältere Menschen weniger intensiv und unangenehm riechen als jüngere Menschen. Das klingt sehr logisch, da ja besonders bei der Partnerwahl mit dem Ziel der Fortpflanzung auch bei uns Menschen der Geruch noch eine sehr wichtige Rolle spielt. So wurde festgestellt, dass Frauen den Geruch von Männern bevorzugen, deren Erbgut sich möglichst stark von ihrem eigenen unterscheidet – eine wichtige Komponente, um der Natur die Möglichkeit zu bieten, viele verschiedene Gene miteinander kombinieren zu können und dadurch eventuelle Vorteile in der Evolution aufgrund neuer Eigenschaften zu erhalten. Da für ältere Menschen die Fortpflanzung keine bedeutende Rolle mehr spielt, müssen sie also nicht mehr mit ihren Düften konkurrieren. Somit wäre es interessant herauszufinden, ob der Individualgeruch von älteren Menschen für einen Hund schwieriger zu finden oder nachzuverfolgen ist als der von jüngeren Menschen.

nicht dadurch abwaschen oder übertünchen. Auch haben die Kultur und die Umwelt, in der wir leben, Einfluss auf den Geruch, ebenso wie die Lebensweise, die Ernährung sowie der hormonelle und gesundheitliche Status. Selbst die Abstammung eines Menschen sorgt für Unterschiede. Da Asiaten weniger Schweißdrüsen als Europäer haben, ist ihr Körpergeruch weniger stark ausgeprägt. Dunkelhäutige Menschen haben dagegen mehr Duftstoffe absondernde Drüsen und somit einen noch stärkeren Körpergeruch als hellhäutige Menschen.

Bodenverletzung

Der zweite Typ von Düften entsteht durch bestimmte Kontakte oder Aufwirbelungen, wenn die Person irgendwo entlangläuft. Hierbei handelt es sich um eine mechanische Spur, die auch häufig als Bodenverletzung bezeichnet wird. Durch Fußbadrücke werden zum Beispiel Pflanzen oder Kleintiere zertreten oder verteilt, die Erde verdichtet oder Mikroorganismen transportiert und gegebenenfalls zu stärkerer Reproduktion angeregt, sodass schon nach relativ kurzer Zeit eine größere Menge an Bakterien oder Pilzen an bestimmten Orten vorhanden sein können. Natürlich stehen auf einem Naturboden dem Hund dann viel mehr Düfte zur Verfügung als zum Beispiel auf einem Asphaltboden. Das muss natürlich beim Training und beim Einsatz berücksichtigt werden.

Hinzu kommt, dass der Hund nicht nur Gerüche vom Boden aufnehmen kann, sondern auch Duftstoffe, die in der Luft durch Strömungen und Thermik verteilt werden. Somit wird eine Geruchsspur eines Menschen einerseits bestimmt durch den Wind, der feinste Geruchspartikel, die der Mensch abgibt, nach einem bestimmten Muster in der Umgebungsluft verteilt, und andererseits durch die Fußabdrücke oder abgegebene Geruchsartikel, die auf den Boden abgesunken sind, weil sich der Mensch vielleicht an einem Ort länger aufgehalten hat.

Dieses Muster kann sehr unterschiedlich und sehr vielfältig sein. Außerdem wird es auch noch beeinflusst durch Temperatur, Luftfeuchtigkeit, Sonneneinstrahlung usw.

INDIVIDUALGERUCH UND BODENVERLETZUNG

Im Gegensatz zum Individualgeruch einer Person, der je nach Umweltbedingungen Tage oder sogar Wochen erhalten bleiben kann, lässt sich die Spur durch Bodenverletzung nur über einen relativ kurzen Zeitraum – oft nur von einigen Stunden – verfolgen.

Umwelteinflüsse

Unabhängig davon, wie die einzelnen Düfte zustande kommen, haben auch die Umweltbedingungen darauf Einfluss, wie lange die Gerüche letztendlich noch von den Riechzellen wahrgenommen werden können. Hier spielen vor allem Tempe-

Die Bodenverletzung ist einer der Anhaltspunkte für den Hund, um eine Spur zu verfolgen.

ratur und Luftfeuchtigkeit, die abhängig von Wetter und Tageszeit bestimmten Schwankungen unterworfen sind, eine wichtige Rolle. Denn sie beeinflussen, wie schnell eine bakterielle Zersetzung erfolgt. Auch Windrichtung und Windstärke, Regen, Schnee und Eis sowie landschaftliche Gegebenheiten wie Gebirge oder Flachland, Wald oder Feld, Stadt oder freie Natur nehmen Einfluss auf die Verteilung und die Intensität von Düften.

In den späteren Kapiteln wird hierauf noch näher eingegangen, da die Umweltbedingungen sowohl für die Ausbildung als auch den Ernstfall einen wichtigen Einfluss darauf nehmen, wie vorgegangen wird und wann und wo der Hund zum Einsatz kommt.

Die Richtung einer Spur erkennen

Die Richtung einer Spur zu erkennen, spielt eigentlich nur beim Mantrailing eine Rolle, wenn der Hund eine bestimmte Person finden soll. Hat der Hund eine Spur aufgenommen, muss er sich entscheiden, in welche Richtung er die Spur verfolgen soll. Er muss also irgendwie feststellen, in welche Richtung die Spur älter wird und in welche Richtung jünger. Erst dann weiß er, wo er nach der vermissten Person suchen soll.

Hunde können ganz klar entscheiden, in welche Richtung eine Spur verläuft. Versuche haben sogar gezeigt, dass sich Hunde in solchen Situationen mehr auf ihren Geruchssinn als auf ihren Gesichtssinn verlassen. Bei einer Spur, die aufgrund der Gerüche nach rechts abbog, die aber aufgrund der optischen Hinweise (weil die Person dort sichtbar war) nach links verlief, entschieden sich die Hunde für die Abzweigung nach rechts.

Aber wie kann ein Hund feststellen, in welche Richtung sich die Person bewegt hat? Denn trotz der zahlreichen Duftstoffe auf einer Spur hat der Hund darüber noch keine genauen Anhaltspunkte. Hier spielen zahllose Mikroorganismen eine Rolle, die sich von Drüsensekreten, Körperflüssigkeiten, Pflanzensäften oder Kleinstlebewesen ernähren. Sobald sie ihre Tätigkeit aufnehmen, verändern sie deren chemische Struktur und somit auch ihren ursprünglichen Geruch. Je länger die Mikroorganismen in Aktion sind, umso stärker ist die geruchliche Veränderung. Solche winzigen geruchlichen Abweichungen von einem Trittsiegel zum anderen genügen dem Hund zur Orientierung und geben Aufschluss darüber, in welche Richtung sich die Person bewegt hat.

In diesem Zusammenhang wurde untersucht, wie viele Fußabdrücke notwendig sind, damit ein Hund weiß, in welche Richtung eine Person gegangen ist. Hierfür wurden verschiedene detaillierte Versuchsaufbauten verwendet, um genau feststellen zu können, ob sich der Hund auch wirklich an den Fußabdrücken orientiert hat und nicht an anderen Dingen. Die Fußspuren, die auf sauberen Teppichstücken erfolgten, waren jeweils mindestens 20 Minuten alt.

Das Ergebnis war eindeutig: Ein Hund kann die Richtung einer Spur erkennen, wenn mindestens fünf Fußbadrücke hintereinander zur Verfügung stehen. Allerdings müssen an diesen Fußbadrücken auch individuelle Gerüche der Person vorhanden sein. Wurden frisch gesäuberte Gummistiefel verwendet und dazu noch mit Plastik überzogen, konnte der Hund die Laufrichtung nicht ermitteln.

Die erforderliche Zahl von fünf Fußabdrücken hat nichts damit zu tun, dass ein Hund vielleicht rechnen oder zählen kann, sondern hat eher mit der Zeit zu tun, die zwischen dem ersten und dem fünften Fußabdruck vergangen ist. Der Zeitraum lag bei diesem Versuch zwischen ein und zwei Sekunden. Und dies genügte dem Hund, um festzustellen, in welche Richtung die Spur verlief.

Dies erklärt sich wie folgt: Je älter ein Fußabtritt ist, desto weiter ist der Zersetzungsprozess an dieser Stelle fortgeschritten. Und eine Hundenase nimmt wahr, dass der Zersetzungsprozess bei dem ein bis zwei Sekunden jüngeren Fußabdruck noch nicht so stark ausgeprägt ist und somit weniger intensiv duftet. Daraus lässt sich für ihn schlussfolgern, dass der Mensch also in diese Richtung mit dem weniger intensiven Duft gegangen sein muss – für uns kaum vorstellbar.

Übrigens spielt hierbei die Art, wie ein Fuß auf dem Boden auftritt – nämlich mit der Ferse zuerst – keine Rolle dabei, um festzustellen, in welche Richtung die Person lief. Vermutlich ist der zeitlich Abstand zwischen dem Aufsetzen der Ferse und dem Abrollen des Fußes bis zu den Zehen nicht lang genug, um Unterschiede in dem Zersetzungsprozess des Fußabdrucks zu verursachen.

Drei Arten, wie man eine Spur verfolgt

Hunde, die eine Geruchsspur verfolgen, kann man in drei verschiedene Typen einteilen. Dazu sei gesagt, dass diese Einteilung nur aufgrund von Beobachtungen der Verhaltensmuster von Hunden erfolgt und es kaum experimentelle Beweise dafür gibt.

Mit hoher Nase suchen Hunde, die sich nur an den Düften in der Luft orientieren, die zum Beispiel von abgestoßenen Hautschuppen des Menschen ausgehen, welche von Luftströmungen weitergetragen werden. Solche Hunde können nur eine Spur gegen den Wind verfolgen.

Trailen nennt man es, wenn der Hund den Kopf hochnimmt, sobald er gegen den Wind läuft, und den Kopf herunternimmt, um die Spur am Boden zu verfolgen, wenn er mit dem Wind läuft. Diese Hunde folgen häufig nicht direkt den Fußspuren der zu suchenden Person, sondern weichen zum Beispiel in Kurven oder Abzweigungen öfter davon ab, um sich einen genauen Eindruck von dem Gesamtbild des Individualgeruchs zu machen und sicherzugehen, wo die Person wirklich entlanggelaufen ist.

Das Alter einer Duftspur beeinflusst auch die Art, wie der Hund dieser Fährte folgt. Auf frischen Spuren, bei denen viele Duftsekrete noch in der Luft schweben,

Das ist die typische Haltung, wenn ein Hund mit „hoher Nase" sucht.

hält der Hund seine Nase eher hoch und sucht großräumig, oft auch rechts und links von der Trittspur nach deren weiteren Verlauf. Ist die Fährte älter und sind die Duftmoleküle weitgehend auf den Boden gesunken, sucht er mit tiefer Nase.

Dieses Suchverhalten entspricht eigentlich nur dem Bereich Mantrailing und wird später noch näher erklärt. Allerdings sei hier noch erwähnt, dass es bei Hunden sehr individuelle Unterschiede im Suchverhalten geben kann, sodass diese Beschreibung nicht grundsätzlich auf alle Hunde zutrifft oder verallgemeinert werden kann. Da man in der Literatur aber immer wieder darauf trifft, wird sie hier der Vollständigkeit halber aufgeführt.

Die dritte Art der Spurenverfolgung entspricht der klassischen Fährtenarbeit, bei welcher der Hund die Nase nur nach unten hält und ziemlich genau den Fußspuren der Person folgt. Diese Hunde orientieren sich nur an den Duftstoffen, die auf den Boden herabgesunken sind und durch Aufwirbelungen und den direkten Kontakt mit Erde und Vegetation, also den Bodenverletzungen, entstanden sind.

Hunderassen mit Supernasen

Hunde mit starken und herabhängenden Lefzen können einen Geruch noch besser aufnehmen als Hunde mit einer kurzen Schnauze oder eng anliegenden Lefzen. Herausragendes Beispiel ist hier der Bloodhound. Wenn bei der Spurensuche die Hunde ihre Schnauze dicht über den Boden führen, haben die längeren Lefzen dabei einen direkten Bodenkontakt und streichen über die oberer Erdschicht mit den Duftmolekülen. Diese werden dadurch aufgewirbelt und somit auch besser vom Geruchsorgan aufgenommen. Auch die extrem langen Ohren sorgen dafür, dass die Duftmoleküle aufgewirbelt werden und dem Hunde regelrecht „vor die Nase fallen“. Beim Bloodhound und anderen Hunden, bei denen die Haut nur locker anliegt und eigentlich zu groß wirkt, bilden sich besonders im Kopfbereich tiefere Hautfalten, wenn sie den Kopf beim Schnüffeln nach unten halten. Diese wirken dann zusammen mit den langen Ohren wie einer Art Trichter, der alle Duftstoffe vor der Nase sozusagen komprimiert.

Der Profi unter allen Hunderassen bezüglich der Nasenleistung ist somit tatsächlich der Bloodhound. Er besitzt den am besten ausgeprägten Geruchssinn und kann auch sehr alte Spuren – drei bis sieben Tage, je nach Bodenbeschaffenheit und Wetter – korrekt verfolgen. Er ist auch die einzige Hunderasse, die seit über hundert Jahren vor allem für die Suche von Menschen gezüchtet wurde. Schon fast legendär sind die Geschichten der Bloodhounds, die in den USA, als dort Sklaverei noch an der Tagesordnung war, dafür verwendet wurden, geflohene Sklaven aufzuspüren. Da diese wertvollen Hilfskräfte aber nicht zu Schaden kommen sollten, wurden die Spürhunde so gezüchtet, dass sie zu allen Menschen freundlich waren und keinen angefallen oder gebissen haben. Sie haben die Menschen einfach aufgespürt und gestellt, ihnen aber kein Haar gekrümmt. Und genau diese Eigenschaft ist auch heute noch ein typischer Charakterzug des Bloodhounds, was ihn natürlich zu einem äußerst friedfertigen Begleiter macht.

Beim Bloodhound helfen die extrem langen Ohren und die Hautfalten dabei, so viel Geruchsstoffe wie möglich aufzunehmen.

Dennoch ist er als reiner Familienhund nur bedingt geeignet, da sein Leben einfach die Nasenarbeit ist. Seine relativ kleinen Augen, die häufig auch durch das faltige Gesicht in ihrem Blickfeld eingeschränkt sind, spielen für ihn bei der Orientierung nur eine untergeordnete Rolle. Ein Bloodhound „sieht" seine Umwelt einfach mit seiner Nase, ob im Haus, im Garten, in der Stadt oder draußen in der Natur. Und da er dann auch häufig einer spannenden Spur folgen möchte, kommt man meistens nicht umhin, ihn an einer Leine zu führen, damit er nicht auf eigene Faust eine wichtige Spur bis zu ihrem Ende verfolgt.

Dem Bloodhound wird bis heute nachgesagt, dass er der beste Mantrailer sei. Aufgrund seines Körperbaus und da er schon rassebedingt so spezialisiert ist, ist er für die anderen Einsatzgebiete beim Rettungshundedienst weniger geeignet.

Sowohl für die Trümmer-, Flächen- als auch Lawinensuche sind vor allem mittelgroße, agile und trittsichere Rassen gefragt, die außerdem sehr lernfreudig sind, ein gutes Durchhaltevermögen haben und vor allem wissen, wie sie ihre Nase richtig einsetzen. Bewehrt haben sich daher in diesem Bereich besonders verschiedene Schäferhundrassen (Deutscher, Belgischer und Holländischer Schäferhund) sowie Golden und Labrador Retriever. Aber auch andere Gebrauchshunderassen wie Airedale Terrier, Schnauzer und Hovawart sowie verschiedene Jagd- oder Hütehundrassen werden erfolgreich eingesetzt. Selbstverständlich gilt dies auch für Mischlinge dieser erwähnten Rassen.

Die Flächensuche

Die sogenannte Flächensuche ist – zumindest in Deutschland – die mit Abstand am weitesten verbreitete Methode, um mit Hunden nach vermissten Personen zu suchen. Der Hund sucht hierbei frei, das heißt ohne Halsband und Leine, ein bestimmtes Gelände ab. Hierbei kann es sich um Wald, aber auch um Heidelandschaft oder Buschwiesen handeln.

Zur Kennzeichnung trägt der Hund eine Kenndecke, die ihn gegenüber Unbeteiligten, wie zum Beispiel Spaziergängern oder auch Jägern, als Rettungshund „im Dienst" ausweist. An der Kenndecke werden außerdem in der Regel Glöckchen und kleine Leuchtmittel befestigt, um dem Hundeführer auch bei schlechter Sicht die Ortung seines Hundes zu ermöglichen.

Der Flächensuchhund ist dazu ausgebildet, jeglichen menschlichen Geruch möglichst genau zu orten und anzuzeigen. Da die Hunde keinen Unterschied zwischen vermissten und „normalen" Personen machen, kann es im Flächensucheinsatz durchaus vorkommen, dass unbeteiligte Personen wie Spaziergänger oder Pilzsucher von einem Hund versehentlich für die vermisste Person gehalten und angezeigt werden.

Bei der Flächensuche muss der Hund eine Kenndecke tragen.

So kann es aussehen, wenn mehrere Rettungshundeteams ein Gelände absuchen sollen.

Die in der Suchgruppe anwesenden Helfer stellen normalerweise kein Problem dar, da der Hund diese Personen und ihre individuellen Gerüche meist vom Übungsbetrieb her kennt. Nehmen jedoch fremde Helfer (wie beispielsweise Angehörige der örtlichen Freiwilligen Feuerwehr) an der Suche teil, kommt es gelegentlich vor, dass ein Flächensuchhund solch eine Person anzeigt, vor allem wenn sie optisch einem „typischen Opfer" ähnelt, etwa weil sie gerade hinter einem Busch hockt, um ein menschliches Bedürfnis zu befriedigen. Es sollen auch schon Liebespärchen, die sich weitab jeder Zivilisation ein lauschiges Plätzchen in freier Natur gesucht hatten, von Flächensuchhunden empfindlich gestört worden sein ...

Einfluss der Geländebeschaffenheit

In der Ausbildung lernt der Flächensuchhund, dass er auch einer schwachen Witterungsfahne nachgehen muss, um zur versteckten Person zu gelangen. Je nach Gelände und Windrichtung kann die Distanz zwischen der ersten Wahrnehmung des Geruchs der Person durch den Hund und ihrem tatsächlichen Fundort bis zu viele hundert Meter betragen!

TOPOGRAFIE IST WICHTIG

Bei der Flächensuche spielt die Beschaffenheit des Geländes, die Topografie (griechisch für Beschreibung und Darstellung von Teilen der Erdoberfläche), eine wichtige Rolle. Hierbei gibt es große regionale Unterschiede.

Präsentiert sich das Gelände in weiten Teilen Norddeutschlands eher flach und damit relativ einfach zu begehen, so kann es in anderen Gegenden sanfte Hügel, aber auch steile Hänge, Felsabstürze oder tief eingeschnittene Täler aufweisen.

Dies hängt allerdings sehr stark von verschiedenen Faktoren ab, welche die Witterung und deren Verteilung im Gelände entscheidend beeinflussen und deren Zusammenwirken in ihrer Gesamtheit dazu führen, dass es dem Hund leichter oder schwerer fällt, den Geruch der Person „in die Nase zu bekommen". Der Hundeführer muss diese Faktoren und vor allem ihre Auswirkungen auf die Geruchsverteilung kennen und seine Suchtaktik je nach Eigenart und Erfahrung seines Hundes entsprechend anpassen.

Berghänge

Grundsätzlich gilt, dass die Geruchspartikel aufgrund der Schwerkraft eher nach unten sinken. Befindet sich eine Person also im oberen Teil eines Berghangs, wird der Hund vermutlich Witterung bekommen, wenn er unterhalb der Stelle hangparallel vorbeiläuft. Dies hängt allerdings auch davon ab, wie lange sich die Person schon dort befindet, das heißt, wie viel Zeit die Geruchspartikel hatten, um sich im Gelände auszubreiten.

Außerdem nimmt die Luftbewegung darauf Einfluss. Bei einer Aufwärtsbewegung warmer Luft hat es der Hund natürlich wesentlich schwerer, die Person „von unten" in die Nase zu bekommen. Deswegen ist es wichtig, Tages- und Jahreszeit in einsatztaktische Ermittlungen mit einzubeziehen. Besonders im Sommer bilden sich aufgrund der Sonneneinstrahlung starke Temperaturunterschiede zwischen Tag und Nacht. Wird ein Berghang vormittags von der Sonne beschienen, erwärmt sich die Luft in diesem Gebiet und beginnt nach oben zu steigen. Segel- und Gleitschirmflieger kennen dieses Phänomen als „Thermik". Etwa ab dem späten Vormittag ist es also sinnvoll, die Suche eher im oberen Hangbereich zu beginnen, da der Hund dort größere Chancen auf Erfolg hat.

Im Winter ist die Sonneneinstrahlung zwar nicht ganz so stark, aber an Tagen mit schönem Wetter kann diese Grundregel „tagsüber Hangaufwind" trotzdem Anwendung finden.

Tagsüber bei Sonneneinstrahlung entsteht an einem Hang in der Regel ein Hangaufwind.

Nachtsuchen

Nachtsuchen finden meist aus praktischen Gründen statt, da bei einem Vermisstenfall tagsüber oft die Angehörigen selbst suchen bzw. hoffen, dass die abgängige Person von selbst wieder auftaucht oder sich meldet. Erst wenn sich mit einbrechender Dunkelheit der Verdacht erhärtet, dass der Person etwas passiert sein könnte, werden weitere Suchmaßnahmen eingeleitet und damit geht oft die Alarmierung der Rettungshunde einher.

Die Kühle der Nacht ist besonders in der warmen Jahreszeit für die eingesetzten Suchkräfte wesentlich günstiger, da sowohl Hunde als auch Hundeführer nicht so rasch ermüden. Und schließlich gilt es zu berücksichtigen, dass das Rettungshundewesen in vielen Ländern rein ehrenamtlich organisiert ist und es tagsüber oft schwierig ist, genügend Suchteams für einen Einsatz zu bekommen, da nicht alle Hundeführer tagsüber von ihren Alltagsaufgaben abkömmlich sind.

Nachts kühlt sich Luft naturgemäß ab und beginnt durch die nachlassende Teilchenbewegung hangabwärts zu sinken. An lauen Sommerabenden kann man

Nachts kühlt sich die Luft ab und sinkt hangabwärts.

dieses Phänomen wahrnehmen, wenn man auf einem Spaziergang in bergigem Gebiet plötzlich in einen „Kaltluftsee“ gerät, der auch für uns Menschen deutlich spürbar ist. Da, wie bereits oben erwähnt, die meisten Sucheinsätze mit Hunden nachts stattfinden, ist dieser Umstand häufig gegeben und muss bei der Einteilung der Suchgebiete bzw. bei der Festlegung der Suchtaktik berücksichtigt werden.

Abgesehen von dieser Grundregel gibt es jedoch noch viel mehr Umstände, welche die Verteilung der menschlichen Witterung beeinflussen.

Täler und Schluchten

Extrem steiles Gelände ist für Hunde und besonders für Hundeführer oft schwierig zu begehen. Daher ist beim Ausarbeiten eines solchen Verstecks äußerste Vorsicht geboten und die allgemein gültigen Sicherheitsregeln müssen beachtet werden. Enge Täler und Schluchten sind oft auch im Sommer schattig und daher haben die oben ausgeführten Regeln zur Hangsuche unter Umständen nur begrenzt Gültigkeit. Bei einem unterkühlten oder toten menschlichen Körper, der nur wenig oder gar keine body air currents, also Geruchspartikel abgibt, kann

Je nach Beschaffenheit der Talhänge kann es auch sein, dass die Witterung am oben suchenden Hund „vorbeizieht", besonders wenn die Hänge kleine Höhlen, Felsnasen oder Überhänge aufweisen.

In Tälern oder Schluchten ist es sinnvoll, wenn im Talgrund ein Rettungshundeteam die Strecke abläuft.

es sein, dass der Hund von der oberen Hangkante nur schwer oder gar keine Witterung bekommt. Besteht also der Verdacht, dass die gesuchte Person sich am Talgrund befindet, muss dort nach Möglichkeit gesondert gesucht werden (zum Beispiel durch ein Team, das unten am Bachufer entlangläuft). Ist das aus Sicherheitsgründen nicht möglich, muss dieser Bereich unbedingt auf der Karte gekennzeichnet und der Einsatzleitung als „nicht abgesucht" gemeldet werden.

Gräben

Je nach Einsatzsituation kann es sinnvoll sein, ein Gebiet nicht flächig abzusuchen, sondern sich auf die Wege bzw. deren unmittelbare Umgebung zu beschränken. Die sogenannte Wegesuche wird in der Regel immer dann angewendet, wenn die gesuchte Person Gegenstände bei sich hat, die das Vorwärtskommen im unwegsamen Gelände nicht oder nur schwer erlauben, wie zum Beispiel einen Rollator, einen (elektrischen) Rollstuhl, ein Fahrrad oder einen Kinderwagen.

Allerdings gibt es natürlich auch hier einzelne Ausnahmen. So kann es vorkommen, dass eine demenzkranke Person vor lauter krankhaftem Bewegungsdrang ihren Gehwagen einfach stehen lässt und beginnt, sich querfeldein fortzubewegen. Und dann war da noch der Fahrer eines Elektrorollstuhls, der

Befindet sich die Person in einem stark bewachsenen Graben, kann es sein, dass der Hund erst relativ nahe am Versteck die Witterung bekommt.

unbedingt eine Abkürzung nehmen wollte – er wurde weitab jeglichen Weges lebend von den Suchkräften aufgefunden. Das THW benötigte mehrere Stunden und schweres Gerät, um den umgekippten Rollstuhl zu bergen.

Jedenfalls muss der Hundeführer damit rechnen, eine vermisste Person in einem Graben liegend aufzufinden, und zwar unter Umständen recht nahe am Weg. In der Regel stellt dies für den Hund keine große geruchliche Herausforderung dar. Jedoch kann es vorkommen, dass der Hund erst dann Witterung bekommt, wenn er relativ nahe am Versteck ist. Insbesondere wenn der Graben stark zu- oder überwachsen ist, dringt oft nur relativ wenig Geruch nach draußen.

Hochverstecke

Wesentlich schwieriger zu finden sind Personen, die sich in einem gewissen Abstand zum Boden befinden. Dies kann zum Beispiel jemand sein, der sich auf einem Jägerhochsitz versteckt hat, auf einen Baum oder einen Holzstapel geklettert ist oder – was im Ernstfall relativ häufig vorkommt – sich durch Erhängen das Leben genommen hat.

Je nachdem, wie hoch sich die Person über dem Boden befindet, kann sich der Geruch durch die Luft wesentlich weiter verteilen, als wenn die Person auf dem Boden liegen oder sitzen würde. Interessant ist dabei, dass sich direkt unterhalb der Fundstelle oft sehr wenig Geruch befindet. Das liegt daran, dass die Geruchspartikel vom Körper aus erst einmal in die Höhe steigen, bevor sie dann in einem relativ weiten Umkreis pilzförmig zu Boden fallen bzw. verweht werden.

Je nach Situation kann dies für den Hund bedeuten, dass er die stärkste Witterung nicht unbedingt in nächster Nähe der Person wahrnimmt, sondern bis zu etliche Meter davon entfernt. Ein erfahrener Hund wird einige Zeit hin- und herlaufen, um die Quelle des Geruchs möglichst punktgenau auszumachen und dann nach einigem Suchen akzeptieren, dass er die Person offenbar nicht genau orten kann, besonders wenn sie „unsichtbar" versteckt ist (zum Beispiel in der geschlossenen Kanzel eines Hochsitzes).

Je nach Stärke der Witterung, Anzeigesicherheit und Erfahrung des Hundes wird er trotzdem anzeigen. Bei Verbellern spiegelt sich diese besondere Situation manchmal in einer etwas anderen Art des Bellens wieder. Beispielsweise haben wir einen Hovawart in unserer Staffel, der in solchen Situationen entgegen seiner Gewohnheit sehr hoch, fast schon quietschend, anzeigt. Die Hundeführerin erkennt so bereits auf weite Entfernung, dass ihr Hund offenbar Schwierigkeiten hat, an die Person heranzukommen bzw. dass sich die Person in der Höhe befinden muss.

Weniger anzeigefeste Hunde bellen unter Umständen nur verhalten oder je nach Höhe des Verstecks auch überhaupt nicht. Jedoch zeigen alle Hunde irgendeine Art von Reaktion, wenn sie den Geruch der Person in die Nase bekommen,

Bei Hochverstecken sinken die Geruchspartikel häufig erst in größerer Entfernung zu Boden.

zum Beispiel durch Kreisen, Winseln, Sich-Umsehen, Ansehen des Hundeführers usw. Besonders bei nächtlichen Einsätzen muss der Hundeführer seinen Hund daher genau beobachten, um jedes noch so verhaltene Anzeigen zu registrieren.

Immer wieder kommt es nämlich in solchen Situationen vor, dass vermisste Personen nicht gefunden werden, obwohl die Hundeteams in unmittelbarer Nähe daran vorbei bzw. darunter durch gehen. Dieses sogenannte „Überlaufen“ muss unter allen Umständen vermieden werden, denn der Ruf der Rettungshunde als taugliches Einsatzmittel steht dabei auf dem Spiel!

Der Ausbildung des Rückverweisers (Freiverweis oder Bringsel) an Hochverstecken muss besondere Aufmerksamkeit gewidmet werden. Diese Hunde werden darauf trainiert, nach Auffinden der Person zum Hundeführer zurückzulaufen und dort anzuzeigen, dass sie etwas gefunden haben. Im nächsten Schritt führen sie den Hundeführer wiederum zum Fundort der Person.

Besonders bei Rückverweisern, die schon etwas Erfahrung im Suchen haben, kann es vorkommen, dass der Hund sich nicht die Mühe macht, bis ganz zur Person zu laufen, sondern schon bei geringer Witterung abdreht und sich zum Hundeführer zurückorientiert. Dadurch, dass er die Verhaltenskette „abkürzt“, hofft er, rasch an die Belohnung zu kommen.

Dieses unsaubere Arbeiten darf man natürlich nicht durchgehen lassen, sondern man sollte während der Ausbildung darauf achten, dass auch der Rückverweiser immer so nahe wie möglich an die Person herangeht. Dies kann dadurch erreicht werden, dass auch der fortgeschrittene Hund, der die Verhaltenskette bereits komplett beherrscht, zwischendurch immer wieder einmal eine Bestätigung durch die Versteckperson erhält. Dadurch wird er motiviert, immer nach der Stelle des stärksten Geruchs zu suchen, auch wenn er aufgrund eines Hochverstecks tatsächlich nicht ganz an die Person herangelangen kann.

Auch bei Hochverstecken sollte darauf geachtet werden, dass der Hund im Training ab und zu von der Versteckperson eine Zwischenbestätigung erhält, und zwar idealerweise in dem Moment, in dem er leichte Frustanzeichen zeigt, weil er die Person zwar deutlich nasenmäßig geortet hat, aber eben nicht ganz ans Versteck herankommt. Die Person kann den Hund dann zum Beispiel mit der Stimme loben und ihm ein Leckerchen zuwerfen oder sie verlässt ihr Hochversteck, um dem Hund die Zwischenbestätigung zu geben. Je nach Verstecksituation muss der Helfer eventuell per Funk Anweisungen vom Ausbilder bekommen, um den optimalen Zeitpunkt für die Bestätigung zu erwischen. Mit zunehmender Erfahrung wird der Hund dann immer schneller merken, ob die Person für ihn „erreichbar“ ist oder nicht, und sich entsprechend verhalten.

Dieser Hund zeigt die gesuchte Person im Hochsitz durch Verbellen an.

Sowohl beim Verbeller als auch beim Rückverweiser kann es passieren, dass der Hund die Restwitterung in einem eigentlich leeren Hochversteck anzeigt, also den Geruch einer Person, die vorher in dem Versteck war, sich jetzt aber nicht mehr dort befindet. Ganz ist man wahrscheinlich dagegen nie gefeit, aber dieses Problem tritt in der Regel nur bei sehr frischer Restwitterung auf und ist daher im Einsatz im Grunde so gut wie nicht relevant. Bei älterer Restwitterung merken die Hunde meist vor der Anzeige, dass das Versteck leer ist, und wenden sich wieder der Suche zu.

LEBEND- ODER LEICHENGERUCH?

An dieser Stelle muss angemerkt werden, dass es sich bei Personen, die im Realeinsatz in der Höhe gefunden werden, oft tatsächlich um Erhängte handelt. Der Geruch von verstorbenen Personen unterscheidet sich deutlich vom Lebendgeruch und stellt die Suchhunde daher vor eine zusätzliche Herausforderung, zumal die Ausbildung ehrenamtlicher Rettungshundeteams auf Leichengeruch zumindest im deutschsprachigen Raum sehr umstritten und auch aus praktischen Gründen schwierig ist. Hier sei auf das Kapitel „Exkurs zur Leichensuche“ auf Seite 68 f. in diesem Buch verwiesen.

Höhlen

Je nach Geländebeschaffenheit haben vermisste Personen manchmal die Möglichkeit, sich in mehr oder weniger großen Erdlöchern oder Höhlen zu verstecken – sei es, dass sie Schutz vor dem Wetter suchen, oder sei es, weil sie sich zurückziehen und nicht von den Suchmannschaften gefunden werden wollen. Je nach Größe der Höhle und vor allem des Eingangs ist dies für Suchhunde unter Umständen eine schwierige Situation.

Ich erinnere mich an einen Flächensucheinsatz auf der Schwäbischen Alb, bei dem die vermisste Person einen steilen Hang hinaufgeklettert war und sich durch einen sehr schmalen Durchlass in eine kleine Höhle gezwängt hatte. Da der Hang selbst für die Einsatzkräfte nicht zu begehen war, suchten Hundeteams sowohl ober- als auch unterhalb der Höhle die vorhandenen Wege ab. Keiner der Hunde zeigte Anzeichen von Witterungsaufnahme von der Person. Offenbar drang durch den kleinen Spalt nur sehr wenig Witterung nach draußen, obwohl sich die Person zum Zeitpunkt der Suche mit Sicherheit schon dort befunden haben musste. Die Person wurde am nächsten Tag von ortskundigen Einsatzkräften der Höhlenrettung entdeckt und konnte lebend gerettet werden.

Hier ist es vor allem Aufgabe der Einsatzleitung, sich über mögliche Höhlen im Suchgebiet zu erkundigen und die Suchmannschaften entsprechend einzuweisen. Bevor die Teams in das Gelände gehen, muss klar abgesprochen werden, ob und wie Höhlen abzusuchen sind. Dies ist insbesondere wichtig, weil Höhlen im Gelände oft in Verbindung mit Felsabstürzen und Spalten vorkommen. Die Sicherheit der Einsatzkräfte hat hier absoluten Vorrang vor allem anderen! Zum Absuchen der Höhlen sollten daher eher Fachkräfte der Höhlenrettung bzw. der Bergwacht statt Rettungshunde eingesetzt werden.

Der Elsachbröller auf der Schwäbischen Alb ist ein Beispiel dafür, wie schwer Höhlen im Gelände zugänglich sein können. Der Pfeil zeigt, wo sich ein Eingang zu der Höhle befindet.

Hindernisse im Gelände

Hier geht es vorrangig um Dinge wie Hecken, umgestürzte Bäume, Mauern, Dickichte usw., welche die Ausbreitung des Geruchs beeinflussen können. Je nach Windrichtung kann man sagen, dass der Geruch auch über solche Hindernisse hinweg getragen werden kann – vorausgesetzt natürlich, sie sind nicht allzu hoch. Allerdings muss man wissen, dass sich in so einem Gelände praktisch immer Luftwirbel bilden. Dadurch können Bereiche entstehen, in denen sich relativ viel Geruch fängt bzw. ansammelt, ebenso aber auch „tote Winkel", in denen der Hund keine Chance hat, Witterung aufzunehmen. Diese Bereiche befinden sich oft in unmittelbarer Nähe des Hindernisses, und zwar an dessen Rückseite.

Durch ein Hindernis wie hier ein Busch kann für die Geruchspartikel ein „toter Winkel" entstehen.

Hier ist es wieder ganz klar Aufgabe des Hundeführers, das Verhalten seines Hundes zu beobachten und ihn, wenn es möglich ist, auf die andere Seite des Hindernisses zu führen bzw. zu schicken. Ein erfahrener Hund wird natürlich von selbst merken, aus welcher Richtung der Geruch ursprünglich kam, und selbstständig versuchen, das Hindernis zu umlaufen.

Extrem schwierig abzusuchen sind Bereiche, in denen hohes Gras oder hohes Dornengestrüpp wächst. Hier kann sich der Geruch kaum ausbreiten und außerdem sind die Teams durch den Bewuchs in ihrer Bewegungsfreiheit zum Teil sehr stark eingeschränkt. Es muss sehr engmaschig gearbeitet werden, um zu gewährleisten, dass wirklich das ganze Gebiet vollständig abgesucht wurde. Ist das nicht möglich, beispielsweise weil die Dornenhecken zu undurchdringlich sind, müssen diese Bereiche möglichst genau mit Karte und GPS verortet werden und die Einsatzleitung muss eine entsprechende Rückmeldung erhalten.

Sehr hoch bewachsene Flächen sind extrem schwierig abzusuchen.

Suchen einer zugedeckten Person

Jeder lebende Körper sondert ständig Hautschuppen und damit Eigengeruch ab und ist damit für den Hund geruchlich wahrnehmbar. Bei Diskussionen unter (Such-)Hundefreunden geht es daher oft um die Frage, ob man eine lebende Person so präparieren kann, dass kein Geruch nach außen dringt und der Hund so überlistet werden kann. Sicher wäre dies theoretisch möglich, zum Beispiel mit einem Ganzkörperanzug für Raumfahrer, der über ein geschlossenes Beatmungssystem (also ohne Verbindung nach außen) verfügt. Im Rettungshundeeinsatz kommt so etwas jedoch normalerweise eher selten vor.

Trotzdem kann man davon ausgehen, dass eine Bedeckung des Körpers, zum Beispiel mit einer Kunststoffplane, zu einer verminderten Geruchsabgabe führt. Allerdings stellt dies für die meisten Hunde kein nennenswertes Problem beim Auffinden dar. Außerdem muss berücksichtigt werden, dass die body air currents an den unbedeckten Stellen (meist Kopf/Gesicht) wahrscheinlich besonders stark sind. Wenn ein Hund in dieser Situation Probleme hat, dann bestehen sie eher darin, dass er die Person zwar riechen, aber nicht sehen kann – und das, obwohl ihm seine Nase sagt, dass die Person eigentlich direkt vor ihm auf dem Boden liegen müsste!

Hier zeigt der Hund die mit einer Plane zugedeckte Person richtig an.

Einfluss von Wasser

Grundsätzlich gilt im Rettungshundebereich die Regel, dass Wasser den Geruch „anzieht". Bei stehenden Gewässern wie zum Beispiel Seen erklärt sich dies daraus, dass das Wasser sich tagsüber durch die Sonneneinstrahlung erwärmt. Allerdings geschieht das langsamer als bei der festen Erdoberfläche. Vor allem abends und nachts steigt die Luft über dem Wasser also hoch und damit kein Vakuum entsteht, fließt Luft von der Uferseite in Richtung Wasser nach. Bei größeren Seen ist dieser Effekt natürlich stärker und der ablandige Wind je nach Wetterlage auch für uns Menschen deutlich wahrnehmbar. Wittert der Hund bei einer (nächtlichen) Ufersuche also immer wieder aufs Wasser hinaus, muss das nicht unbedingt heißen, dass sich die gesuchte Person im Wasser befindet.

Bei fließenden Gewässern verhält es sich grundsätzlich ähnlich, allerdings entstehen hier je nach Fließgeschwindigkeit und Uferbeschaffenheit mehr oder weniger starke Luftwirbel, die den Geruch der vermissten Person unter Umständen sehr weit vom eigentlichen Fundort wegtragen kann. Es kommt nicht selten vor, dass ein Suchhund am Flussufer Witterung bekommt und die Person dann schließlich mehrere Kilometer (!) flussaufwärts aufgefunden wird.

Witterungseinflüsse

Außer den bisher genannten Faktoren wird das Geruchsbild bei der Flächensuche außerdem stark vom Zustand der Atmosphäre beeinflusst, das heißt in erster Linie von Windrichtung und -geschwindigkeit, Feuchtigkeit und auch von der Lufttemperatur.

Wind

Wenn es organisatorisch irgendwie möglich ist, wird man natürlich versuchen, die Suche gegen den Wind zu beginnen. Damit hat der Hund die bestmögliche Chance, dass ihm der Geruch der gesuchten Person durch die Luft zugetragen wird. Je nach Beschaffenheit des Geländes kann es daher unter günstigen Umständen vorkommen, dass der Hund über viele hundert Meter durch das Gelände „sticht", die Person in großer Entfernung vom Hundeführer ortet und anzeigt. Allerdings weht der Wind selten einfach „geradeaus" durch das gesamte Gelände, sondern es bilden sich je nach Bewuchs und Oberflächenform Luftwirbel und Geruchspools sowie Stellen, an denen die Geruchsfahne plötzlich „abreißen" kann. Der erfahrene Einsatzhund wird dies durch seine Körpersprache signalisieren und der Hundeführer wird es merken und entsprechend reagieren.

In den meisten Rettungshundeprüfungen muss der Hundeführer vor Beginn der eigentlichen Suche eine sogenannte Befragung durchführen. Er muss zeigen, dass er in der Lage ist, sich anhand gegebener Informationen ein Bild von der (gestellten) Einsatzsituation zu machen und seine Suchtaktik entsprechend zu wählen. Hierzu gehört auch die Prüfung der Windrichtung. Hierfür geht der Hundeführer meist ein kleines Stück in das abzusuchende Gebiet hinein und stellt die Windrichtung mithilfe von trockenem Laub, Mehl oder auch Babypuder fest.

Kommt der Wind beispielsweise von links, wird der Hundeführer die Suche am rechten Rand des Suchgebietes beginnen, damit der Hund von Anfang an bestmögliche Chancen hat, den Geruch der versteckten Person(en) in die Nase zu bekommen.

Dieses Ritual ist in der Prüfungssituation wichtig, um den Prüfern zu zeigen, dass der Hundeführer sich der Wichtigkeit dieses Faktors bewusst ist. Allerdings kann es in der Suchpraxis sehr rasch vorkommen, dass sich die Windrichtung aus verschiedenen Gründen plötzlich ändert. Nun kann der Hundeführer weder in der Prüfung noch im Einsatz ständig die Suche unterbrechen, um den Wind zu prüfen, und er kann auch nicht andauernd von einem Ende des Geländes zum anderen hin- und herlaufen, um je nach Windrichtung seine Taktik zu ändern. Dies würde die Kräfte von Hund und Hundeführer unnötig verschleißen und die Gefahr, dass einzelne Teile überhaupt nicht abgesucht würden, wäre zu groß.

Daher sollte der Hundeführer sich zwar über Windrichtung und -stärke informieren, allerdings wäre es fatal, sich bei einer Suche zu stark oder gar ausschließlich darauf zu verlassen! Zu vielfältig sind die Bedingungen, welche die Ausbreitung des Geruchs beeinflussen, und oberstes Ziel einer jeden Vermisstensuche ist schließlich, dass die gesuchte Person aufgefunden wird. Daher ist es ganz klar Aufgabe des Hundeführers dafür zu sorgen, dass das zugewiesene Gebiet lückenlos abgesucht wird.

Temperatur

Grundsätzlich geht höhere Temperatur mit einer stärkeren Teilchenbewegung einher. Dies kennt jeder von einem Kochtopf mit Deckel. Kommt die Suppe im Topf zum Kochen, steigt der Druck und der Deckel wird „abgehoben". Für die Vermisstensuche bedeutet dies, dass der Hund den menschlichen Geruch im Gelände umso besser wahrnehmen kann, je größer der Temperaturunterschied zwischen dem zu suchenden Körper und der Umgebung ist. Die ideale Lufttemperatur für eine Suche liegt also möglichst niedrig, zumal die Suche für den Hund auch körperlich enorm anstrengend ist und er bei niedrigen Temperaturen nicht so rasch ermüdet.

Bei einer kühlen Lufttemperatur wie hier im Wald kann der menschliche Geruch am besten wahrgenommen werden.

Allerdings steigt natürlich unter solchen Bedingungen für die vermisste Person die Gefahr der Unterkühlung oder sogar des Erfrierungstodes. Rasches Handeln durch die Einsatzverantwortlichen ist also angesagt!

In besonders warmer Umgebung ist die Ausbreitung der Geruchspartikel einer lebenden Person zwar auch gegeben, aber eventuell muss der Hund etwas näher an der Person sein, um Witterung aufnehmen zu können. Dazu kommt, dass natürlich auch andere Gerüche wie von Pflanzen oder Wildtieren bei warmem Wetter besonders „blühen". Dies ist zum Teil sogar für unsere unempfindlichen Menschennasen zu riechen.

Ich erinnere mich an einen Einsatz unserer Staffel an einem warmen Sommermorgen. Der Vermisste lag im Wald hinter einem Holzstapel und schlief. Als die Hunde Witterung bekommen hatten und losstürmten, hatten die Hundeführer ihn bereits durch sein Schnarchen geortet.

Der kalte Körper einer Person, die verstorben ist, sondert naturgemäß weniger Geruchspartikel ab. Außerdem unterscheidet sich der Geruch in seiner Qualität offenbar stark von dem Lebendgeruch, den zu suchen die Flächensuchhunde ausgebildet sind. Dies zeigt sich immer wieder an der Reaktion der Hunde, wenn im Einsatz Verstorbene gefunden werden. Besteht also eine relativ hohe Wahrscheinlichkeit, dass die gesuchte Person tot ist (zum Beispiel weil sie schon seit mehreren Tagen vermisst wird), muss der Hundeführer damit rechnen, dass sein Hund nur schwer Witterung bekommt und dass er in diesem Fall auch nicht so reagieren wird wie bei einem „normalen" Lebendfund.

In kalter Umgebung wird es auch für den erfahrenen Hund schwierig, einen kalten Körper zu orten. Besonders bei extrem niedrigen Außentemperaturen kann es dazu kommen, dass eine Leiche bei der Flächensuche nicht gefunden wird, obwohl dies unter anderen Umständen kein Problem hätte darstellen dürfen.

Damit ist aber nicht gemeint, dass die Geruchspartikel bei einer gewissen Temperatur „einfrieren" und für den Hund überhaupt nicht mehr wahrnehmbar sind. Dafür fehlt jeder wissenschaftliche Beweis. Und so manche praktische Erfahrung, die ich in der Flächensuche und auch beim Mantrailing machen konnte, spricht klar dagegen.

Luftfeuchtigkeit

Es scheint so zu sein, dass eine hohe Luftfeuchtigkeit vorteilhaft für die Entwicklung des Geruchs ist, denn die Hunde tun sich bei feuchtem Wetter sichtbar leichter mit der Suche. Dies liegt sicher zum einen daran, dass die Hundenase bei jedem Atemzug immer automatisch frisch mit befeuchtet wird, denn – wie eingangs beschrieben – ist ein ausgeglichener Wasserhaushalt in der Hundenase absolut wichtig für effektives Riechen.

Zum anderen benötigen aber die geruchsbildenden Bakterien auch Feuchtigkeit, um die abgestorbenen Hautzellen zersetzen zu können. Bei hoher Luftfeuchtigkeit geht dieser Zersetzungsprozess intensiver vor sich, das heißt, es entsteht innerhalb einer bestimmten Zeit mehr Geruch und der Hund hat es bei der Suche entsprechend leichter. Umgekehrt wird der Zersetzungsprozess bei Wassermangel verzögert. Dies nutzte man zum Beispiel im alten Ägypten bei der Einbalsamierung und Mumifizierung von Verstorbenen. Durch Flüssigkeitsentzug wurde der natürliche Verwesungsprozess gestoppt, sodass die Körper über viele Jahrtausende hinweg relativ unversehrt erhalten blieben.

Der Zeitfaktor

Bei allen diesen Dingen spielt natürlich auch der Faktor Zeit eine Rolle. Je länger sich eine Person an einer Stelle aufhält, desto größer ist der Geruchspool, der sich dort bildet. Je nach Temperatur und Wind werden die Partikel mit zunehmender Zeitdauer um diese Stelle verteilt bzw. von ihr fortgetragen.

In der Regel vergehen in einem realen Einsatz zwischen Verschwinden der vermissten Person und Suchbeginn der Rettungshunde mindestens zwölf Stunden. Daher ist es für die ausgebildeten und geprüften Flächensuchhunde in einem echten Einsatz in der Regel nicht sehr schwierig, die Person geruchlich zu orten. Voraussetzung dafür ist natürlich, dass sie sich in dem abgesuchten Bereich befindet, und vor allem, dass die Hundeführer und Helfer darauf geachtet haben, dass das Gebiet wirklich lückenlos von den Hunden abgesucht wurde.

Das gefürchtete „Überlaufen“ passiert in der Regel, wenn im letzteren Bereich unsauber gearbeitet wird. Hier kommt es darauf an, welche Taktik je nach Situa-

NUR EINE CHANCE

Grundsätzlich gilt zumindest im deutschsprachigen Raum, dass ein Gebiet, welches von Rettungshunden abgesucht und „freigegeben“ wurde, in Zukunft von weiteren Suchmaßnahmen ausgespart bleiben wird. Befindet sich die vermisste Person in diesem Gebiet, gibt es somit keine zweite Chance, sie noch zu finden. Je nach Situation kann dies ihren Tod bedeuten und für die Angehörigen bringt das quälende Ungewissheit über das Schicksal des Vermissten, die vielleicht lebenslang anhalten kann und oft viel schlimmer ist als die Tatsache, dass die vermisste Person tot aufgefunden wurde. Rettungshunde sind ein sehr effektives Einsatzmittel bei der Vermisstensuche, aber sie können keine Wunder vollbringen!

tion angewandt wird. Auf jeden Fall muss der Gruppenführer darauf achten, dass zwischen den suchenden Teams keine Lücken entstehen. Im Zweifelsfall muss der Abstand zwischen den Teams verringert werden. Dies kommt natürlich auch auf die eingesetzten Teams an. Bei laufstarken Hunden, die sich bei Tageslicht im gut begehbaren Gelände weit vom Hundeführer lösen, kann der Abstand natürlich etwas weiter gewählt werden als bei Hunden, die sich mehr am Hundeführer orientieren oder die wegen schlechter Sicht und schwierigem Gelände eher in der Nähe gehalten werden müssen.

Bei der Arealsuche muss der Hundeführer unbedingt darauf achten, dass der Hund das zugewiesene Gebiet absolut sauber absucht bzw. er muss nicht abgesuchte Gebiete oder unsichere Stellen der Einsatzleitung melden.

Überlaufen kommt außerdem vor, wenn ein Hund die Person zwar gefunden, aber – aus welchen Gründen auch immer – nicht ausreichend angezeigt hat, sodass der Hundeführer nicht reagieren konnte. Dies ist jedoch ein anders gelagertes Problem und hat mit der Nasenarbeit des Hundes nichts oder nicht viel zu tun.

Die Ausbildung zur Flächensuche

Zunächst geht es darum, dem Hund beizubringen, dass es sich lohnt, nach Menschen zu suchen. Dazu kann man das sogenannte Backchaining anwenden. Dieses Verfahren beruht auf dem Prinzip der Verhaltenskette, die idealerweise von hinten aufgebaut wird, das heißt, man beginnt mit dem letzten Teilschritt – in diesem Fall also das Auffinden der Person – und arbeitet sich dann immer weiter vor. Dies hat den Vorteil, dass der Hund das Ende der Übung bereits kennt, was ihm Sicherheit vermittelt.

In der praktischen Arbeit begeben sich Hundeführer und Hund gleichzeitig mit der Person ins Versteck und der junge Hund bekommt dort erst einmal einen Leckerbissen. Dann geht der Hundeführer mit dem Hund ein Stückchen weg, während die Person an derselben Stelle bleibt. Der Hund wird sich erinnern, dass die Person leckeres Futter bei sich hat, und wird beim nächsten Losschicken gleich wieder zu dieser Person laufen. Dort wird er natürlich wieder belohnt. Allmählich kann man die Distanzen vergrößern und den Hund auch einmal von einer anderen Stelle aus ansetzen. Er wird immer wieder freudig zur Person laufen, da er ja aus Erfahrung weiß, dass dort etwas Gutes auf ihn wartet. Dies gibt ihm Sicherheit und er wird mit etwas Übung dabei auch kleinere Schwierigkeiten überwinden, wie zum Beispiel über einen Graben springen oder durch ein paar dornige Ranken gehen.

Beim Backchaining bekommt der Hund zu Anfang einen Leckerbissen direkt von der Versteckperson (a). Dann entfernt sich der Hundeführer mit seinem Hund ein Stück und schickt ihn los (b,c). Der Hund wird sofort wieder bestätigt und abgeholt (d,e,f).

Allmählich wird die Entfernung für die Übung immer mehr vergrößert (g,h,i,j). Später kann man den Hund aus einer anderen Richtung schicken (k) oder die Position der Versteckperson verändern (l).

Parallel dazu wird man die natürliche Veranlagung zur Nasenarbeit, über die jeder Hund verfügt, ausnutzen. Bei den ersten spielerischen Übungen im Gelände wird der Ausbilder also darauf achten, dass sich die Versteckperson „im Wind" befindet, das bedeutet, dass der Hund automatisch in die Witterung hineinläuft, wenn er zu der Person gelangen möchte, die sein begehrtes Futter oder Spielzeug hat. Im Gehirn des Hundes entsteht so die Verknüpfung „menschlicher Geruch – Person – Belohnung" und er lernt sozusagen automatisch, dass ihn das Aufspüren und Verfolgen der Witterung zum Erfolg bringen.

Hat der Hund erst einmal Gefallen an diesem Spiel gefunden, kann man die Aufgaben langsam etwas schwieriger machen. Wenn der Hund beispielsweise bei einer Übung eine Person hinter einem Baum „gefunden" hat und dafür belohnt wurde, kann die Person für die nächste Übung einfach hinter den nächsten Baum geschickt werden, während der Hundeführer mit seinem Hund zum Ausgangspunkt zurückgeht. Wichtig ist, dass der Hund diesen Ortswechsel nicht mitbekommt. Vom Ausgangspunkt aus wird er wieder losgeschickt. Er wird zum alten Versteck laufen und dort zu seiner Überraschung die Person nicht finden! Er wird sich umsehen, wo denn die Person geblieben ist, vielleicht ein paar Schritte laufen und dann hoffentlich rasch Witterung von der Person bekommen, die sich ja ganz in der Nähe befindet. Durch die Verknüpfung in seinem Gehirn „weiß" er, dass sich die Person dort befindet, wo der Geruch herkommt – und schon hat er seine erste kleine Suchaufgabe erfolgreich gelöst!

Gezielter Naseneinsatz

Bei manchen Hunden dauert es etwas länger, bis sie verstanden haben, dass sie gezielt die Nase einsetzen müssen, um die Versteckperson zu finden. Besonders Hütehundrassen, die ja von Natur aus recht stark visuell orientiert sind, neigen anfangs gern dazu, mehr mit den Augen als mit der Nase zu suchen. Hier muss unbedingt darauf geachtet werden, die Person so zu verstecken, dass der Hund sie keinesfalls durch bloßes Umsehen finden kann.

Im Gelände kann sich die Versteckperson beispielsweise in einem dichten Gebüsch, hinter einem Holzstapel oder in einem zugewachsenen Graben befinden oder sie kann mit einer tarnfarbenen Plane oder einem Tarnnetz zugedeckt sein. Natürlich darf sich die Person keinesfalls bewegen, während der Hund noch in der Nähe ist und sucht!

Besonders in der Anfangsphase ist es wichtig, dem Hund bei der Nasenarbeit genügend Zeit zu lassen. Hier ist ein erfahrener Ausbilder mit viel Fingerspitzengefühl gefragt, der die Suchaufgaben immer so stellt, dass der Hund sie möglichst allein lösen kann. Es gilt, die Balance zwischen neuen Herausforderungen und Überforderung zu halten. Das bedeutet beispielsweise, dass man die

Die Versteckperson in einer Höhle zu finden, ist für den Hund eine echte Herausforderung.

Distanzen, die der Hund laufen muss, um in die Witterungsfahne der versteckten Person zu kommen, nur ganz langsam und schrittweise verlängert. Im Zweifelsfall sollte eine Suchaufgabe lieber ein wenig zu einfach als zu schwierig gestellt sein, um beim jungen Hund möglichst kein Frusterlebnis zu provozieren.

Hilfestellung durch den Ausbilder

Dazu gehört auch, dass alle Verstecke zumindest dem Ausbilder bekannt sein müssen! Der Ausbilder sollte die Person immer selbst ins Versteck bringen oder zumindest aus Entfernung ganz genau zusehen, wohin sie geht. Mündliche Absprachen reichen hier nicht aus. Die Anweisung „Geh' 30 Meter in den Wald hinein und versteck dich dann dort irgendwo" wird mit Sicherheit zu Missverständnissen führen und die Gefahr, dass der junge Hund die Person nicht in der für ihn machbaren Zeitspanne findet, ist zu groß.

Bei aller Umsicht des Ausbilders und bei aller Sorgfalt im Aufbau kann es allerdings immer mal wieder vorkommen, dass der junge Hund die Versteckperson nicht findet. Hier muss der Ausbilder dem Hund ein wenig „helfen". Diese Hilfe kann so aussehen, dass der Ausbilder sich kommentarlos ein wenig in die Richtung der Versteckperson begibt. Der Hund wird ihm aus Neugier folgen und dann hoffentlich den Geruch der Person aufnehmen können. Wichtig ist

Das Anzeigen einer vermummten Person gehört schon zu den Übungen für Fortgeschrittene.

dabei, dass der Hundeführer sich möglichst im Hintergrund hält, damit der Hund nicht versehentlich lernt, sich zu sehr an ihm zu orientieren. Denn das geht oft schneller, als man denkt! Daher müssen solche Situationen in der nächsten Trainingseinheit unbedingt aufgearbeitet werden.

Training für Fortgeschrittene

Ganz anders sieht es natürlich bei erfahrenen bzw. einsatzfähig geprüften Flächensuchteams aus. Hier gilt der Grundsatz für den Ausbilder in der Nasenarbeit: „Tu Dinge, mit denen der Hundeführer nicht rechnet." Besonders altgediente Teams können Spaß daran haben, geruchlich kniffelige Situationen auszuarbeiten. Dies stellt für Hundeführer und Hund eine willkommene Abwechslung im Übungsalltag dar und außerdem schult es natürlich die Fähigkeiten für den Ernsteinsatz.

Wie wäre es zum Beispiel damit, vor einer Übung (für den Hundeführer gut sichtbar) drei Personen in den Wald mitzunehmen, aber dann nur eine oder zwei tatsächlich zu verstecken? Oder mal eine Leersuche wider Erwarten zu veranstalten? Versteckpersonen können in Erdlöchern stecken, die dann mit Ästen und Laub „unsichtbar" gemacht werden. Oder man kann eine Person mit herumliegenden Tannenzweigen so zudecken, dass sie weder für den Hund noch für den Hundeführer sichtbar ist. In Army-Shops gibt es Ganzkörper-Tarnanzüge zu kaufen, in denen ein Mensch auf den ersten Blick aussehen kann wie ein bemooster Baum. Steht oder liegt eine solche Person dann unbeweglich im Gelände, kann das bei manchem Hund schon einen Aha-Effekt hervorrufen.

Eine andere Möglichkeit besteht darin, eine Versteckperson mithilfe eines Abseilgeschirres mehrere Meter hoch in einen Baum zu hängen – idealerweise so, dass sie von unten nicht sichtbar ist. Auf die umgekehrte Art kann man die Teams herausfordern, indem man eine lebensgroße Puppe (selbstgebastelt aus

EINFALLSREICHTUM IST GEFRAGT

Nicht alle dieser Eventualitäten sind einfach zu trainieren und oft ist es aus organisatorischen Gründen nicht oder nur schwer möglich. Hier sollte man jedoch das irgendwie Machbare ausreizen, die Teams vor immer neue geruchliche Herausforderungen zu stellen, denn im Ernstfall kann es das Leben der vermissten Person retten. Der Einfallsreichtum des Ausbilders ist gefragt!

alten Kleidern, die ausgestopft werden) in das Gelände legt und beobachtet, wie die Hunde sich in dieser Situation verhalten.

Zur Ausbildung der Nasenarbeit gehören natürlich auch Versteckpersonen, die für den Hund „komisch“ riechen, wie zum Beispiel nach Alkohol, Urin, Kot, Erbrochenem. Auch Diabetes kann den Körpergeruch für den Hund wahrnehmbar verändern. Es gibt sogar inzwischen Hunde, die speziell darauf trainiert sind, die beginnende Unterzuckerung eines Diabetikers zu riechen und den Patienten rechtzeitig zu warnen. Ebenso haben bestimmte Ernährungsgewohnheiten und Medikamente Einfluss auf den Geruch.

Nicht nur die frischeste Spur

Gelegentlich kommt es vor, dass Hunde mit etwas fortgeschrittener Sucherfahrung beim Training die Fährte der versteckten Person aufnehmen und diese verfolgen, um rasch zum Erfolg zu kommen. Dazu benötigen sie nicht einmal ein Geruchsmuster wie ein Mantrailer, sondern sie suchen einfach die frischeste Spur, die in das Suchgebiet hineinführt. Manche Hunde verfolgen auch selbstständig die Individualspur des Ausbilders, der die Versteckpersonen in das Gebiet eingebracht hat.

Grundsätzlich ist dagegen nichts einzuwenden. Trifft ein Flächensuchhund im echten Einsatz auf eine relativ frische Menschenspur in einem Suchgebiet, in dem sich ansonsten keine weiteren Spuren befinden, ist die Chance relativ groß, dass es sich tatsächlich um die Fährte der vermissten Person handelt. Wenn der Hund dann dieser Spur nachgeht und die Person findet, ist das ein voller Erfolg für alle Beteiligten.

Natürlich sollte man aber im Training darauf achten, dass der Hund möglichst selten mit dieser „Masche“ arbeiten kann. Sonst besteht die Gefahr, dass er sich zu sehr auf seine Fähigkeiten als Fährtenhund verlässt und im Einsatz vor lauter Suche nach Bodenfährten nicht mehr richtig „hochwindig“ sucht. Abhilfe kann ganz einfach geschaffen werden, indem man die Personen vom hinteren

Ende des Geländes aus ins Versteck einbringt, sodass vom Startpunkt des Hundeteams aus möglichst keine frischen Fährten abgehen – schon gar nicht solche von Personen, die der Hund kennt.

Dies bedeutet mehr Umstände beim Verstecken. Eventuell müssen weite Umwege gemacht werden, aber die Mühe lohnt sich. Alternativ kann man einen Hund, der zu diesem Verhalten neigt, erst am Ende einer Übungseinheit suchen lassen, wenn vorher schon viele verschiedene Personen kreuz und quer durch das Gelände gegangen sind.

Exkurs zur Leichensuche

Mit dem biologischen Tod eines Menschen verändert sich sofort auch dessen Geruchsbild. Die sogenannten body air currents hören auf, die Zersetzungsarbeit der Bakterien geht zwar noch weiter, jedoch werden andere Prozesse gleichzeitig wirksam, da keine neuen Hautzellen mehr gebildet und abgestoßen werden. Zusätzlich geht die Zersetzung allmählich in Verwesung über.

Wie genau diese Vorgänge stattfinden und vor allem wie schnell, hängt wiederum entscheidend von der Umgebung ab. Luftfeuchtigkeit und Temperatur spielen eine große Rolle, ebenso wie die Konstitution und der Gesundheitszustand der Person vor ihrem Tod. Grundsätzlich gilt, dass die Fäulnis bzw. Verwesung des Körpers bei hoher Luftfeuchtigkeit und hohen Temperaturen schneller voranschreitet. Dies ist ab einem bestimmten Zeitpunkt sogar für die menschliche Nase in Form des typischen Verwesungsgeruchs deutlich wahrnehmbar. Unter sehr trockenen, sehr warmen und sehr kalten Bedingungen kommen diese Prozesse sehr viel langsamer zum Tragen oder teilweise sogar zum Stillstand, was dann zur sogenannten Mumifizierung führt.

Eine besondere Situation stellen außerdem Wasserleichen dar. Sie gehen nach dem Ertrinken zunächst unter und tauchen später mit zunehmender Gasbildung wieder auf. Die Beschreibung der Zersetzungsvorgänge im Einzelnen würde hier zu weit führen. Aber fest steht auf jeden Fall, dass man in der Rettungshundearbeit jederzeit mit einem Leichenfund rechnen muss – sei es durch Unglücksfall, Suizid, natürlichen Tod oder auch durch ein Verbrechen.

Sowohl Hunde als auch Hundeführer müssen möglichst sorgfältig auf diese Situation vorbereitet werden. Bei den Hundeführern kann dies durch entsprechende Schulungen und Gespräche geschehen. Die Ausbildung der Hunde in diesem Bereich ist jedoch wesentlich schwieriger, da es für Ehrenamtliche in Deutschland so gut wie unmöglich ist, mit Körpern von Verstorbenen zu trainieren. Dies verbietet zum einen das Gesetz und zum anderen natürlich die Ethik, denn auch nach seinem biologischen Tod bleibt ein Mensch ein Mensch und darf nicht zu Übungszwecken „benutzt“ werden. Man muss sich also anders behelfen.

Der gebräuchlichste Weg, die Hunde mit Leichengeruch vertraut zu machen, sind Leichentücher, das heißt Tücher, in die frisch Verstorbene gewickelt werden, bevor sie vom Bestatter gewaschen und angekleidet werden. Auch Bettbezüge, auf denen die Person kurz nach ihrem Tod gelegen hat, sind geeignet. Diese Tücher nehmen oft sogar für Menschen wahrnehmbar den Leichengeruch an. Man kann diese Tücher auch in der Gefriertruhe aufbewahren und dann für die Hundeausbildung immer wieder verwenden. Hat man zum Beispiel eine lebensgroße Puppe mit echten Kleidern, kann man diese mit den Tüchern „präparieren“ und kommt so einer echten Leiche optisch und geruchlich recht nahe.

Eine andere Möglichkeit ist, selbst Leichengeruch herzustellen. Hierzu nimmt man menschliches Gewebe wie Haare, Zähne, Hautfetzen, Blut usw. und bewahrt es längere Zeit in einem Einmachglas auf. Mit der Zeit bildet sich darin ein wunderbarer „Geruchsmischmasch“, den man dann mit sterilen Kompressen aufnehmen kann, um zum Beispiel eine Puppe damit zu präparieren.

Anzeigen an Leichen im Realeinsatz stellen für die meisten Hunde eine besondere Herausforderung dar, wobei auch hier vieles vom Zeitfaktor abhängt. Ein erst vor wenigen Stunden Verstorbener hat je nach Wetterlage und Umgebung seinen Geruch noch nicht sehr stark verändert und die meisten Hunde zeigen in solchen Fällen ganz normal an. Sucht man allerdings nach einer Person, die schon seit mehreren Tagen vermisst wird, und ist das Wetter dazu vielleicht noch besonders warm und feucht, muss man damit rechnen, dass die Fäulnisprozesse schon recht weit fortgeschritten sind und das Geruchsbild sich dadurch entsprechend wandelt. Kommt dann noch eine „seltsame“ Körperhaltung hinzu (zum Beispiel durch Erhängen in mehreren Metern Höhe), kann diese Kombination manchen Hund schon so weit verwirren, dass er sich nicht mehr zu einer normalen Anzeige entschließen kann.

Die meisten Hundeführer berichten, dass ihre Hunde in solchen Situationen „irgendwie komisch“ reagieren. Manche zeigen nur sehr verhalten an, manche bleiben unschlüssig vor der Person stehen und manche laufen hilfesuchend zu ihrem Hundeführer zurück. Hier besteht natürlich insbesondere nachts die Gefahr, dass der Hundeführer diese Veränderung im Verhalten seines Hundes nicht bemerkt bzw. sie ignoriert und einfach weitergeht. So kommt es zum gefürchteten „Überlaufen“. Daraus folgt, dass die Leichensuche in einer Einsatzgruppe auf jeden Fall thematisiert werden muss – auch wenn es ein unangenehmes Thema ist – und, wenn irgendwie möglich, zumindest behelfsmäßig geübt werden sollte.

Trümmersuche

Die Arbeit in den Trümmern ist in der Öffentlichkeit die am ehesten bekannte Sparte des Rettungshundewesens. Zwar sind reale Trümmereinsätze glücklicherweise relativ selten, aber sie finden fast immer als Reaktion auf ein größeres Unglück wie zum Beispiel ein Erdbeben, eine Explosion oder Ähnliches statt. Diese Ereignisse stehen stark im Interesse der Medien und damit hat auch die Bevölkerung zumindest ansatzweise eine Vorstellung vom Einsatz von Trümmersuchhunden.

Viele erinnern sich bestimmt noch an das Erdbeben in Haiti (Januar 2010), den Flugzeugabsturz bei Überlingen am Bodensee (Juli 2002), den Einsturz der Eishalle in Bad Reichenhall (Januar 2006), das Zugunglück bei Eschede (Juni 1998) oder natürlich den Anschlag auf das World Trade Center in New York (September 2001). Aber auch nach Erdrutschen oder nach Berg- oder Felsstürzen können Trümmersuchhunde eingesetzt werden, um eventuell Verschüttete zu orten.

Trümmersuche stellt für die Hunde immer eine potenzielle Gefahr dar.

Ein gefährlicher Dienst

Anhand der genannten Einsatzsituationen kann man sich vorstellen, dass die Trümmerarbeit für Hund und Hundeführer eine besondere Herausforderung darstellt. Echte Trümmerlagen bergen jede Menge Gefahren wie zum Beispiel schlecht begehbarer Untergrund, rutschige Flächen, herausstehende Metallteile,

Bei der Trümmersuche muss der Hund häufig in das eingestürzte Gebäude eindringen.

giftige Gase oder Feststoffe, frei liegende elektrische Leitungen, Absturzkanten, Glasscherben usw. Aufgeschnittene Pfoten sind bei Trümmersuchhunden an der Tagesordnung. In mehreren mir bekannten Fällen wurden Hunde bei Trümmerübungen durch Absturz schwer oder sogar tödlich verletzt. In Realeinsätzen nach Erdbeben muss darüber hinaus jederzeit mit Nachbeben und mit neuen Einstürzen von Gebäudeteilen oder ganzen Gebäuden gerechnet werden.

Alle diese Umstände führen zu einer enormen Stressbelastung für das Team. So faszinierend die Aufgabe und so befriedigend das Gefühl auch ist, vielleicht im Ernstfall tatsächlich ein oder mehrere Menschenleben gerettet zu haben, muss man sich doch jederzeit der Gefahren bewusst sein und sich immer wieder aufs Neue überlegen, ob man sich und seinen Hund diesen Risiken aussetzen möchte.

Während der praktischen Arbeit müssen Hundeführer und Helfer stets hoch konzentriert sein, um jederzeit eingreifen zu können, wenn sich eine gefährliche Situation ergibt. Und doch lässt es sich nicht vermeiden, den Hund auch immer wieder mal außerhalb der direkten Kontrolle seines Hundeführers arbeiten zu lassen. Schließlich sind Hunde aufgrund ihrer Größe und ihres Gewichts viel eher als wir Menschen dazu geeignet, sich auf unwegsamem Untergrund sicher zu bewegen. Sie können in Spalten und Löcher kriechen, um unter der Oberfläche weiter nach menschlichem Geruch zu suchen. Auch dazu muss man als Führer eines Trümmersuchhundes bereit und in der Lage sein: zuzusehen, wie der Hund irgendwo in der Dunkelheit verschwindet, und zu hoffen, dass er möglichst unversehrt wieder auftaucht.

Der Unterschied zur Flächensuche

Im freien Gelände verteilt sich der menschliche Geruch in der Regel als einheitliche „Fahne“, das heißt, je nach Windrichtung, Temperatur und Geländebeschaffenheit gibt es eine bestimmte Stelle bzw. einen bestimmten Bereich, wo der Hund den Geruch der gesuchten Person in die Nase bekommen kann. Obwohl wir Menschen das nicht selbst wahrnehmen können, ist dies für uns im Allgemeinen recht gut einschätzbar und auch nachvollziehbar.

In den Trümmern hingegen gelten andere Gesetze. Der Geruch verteilt sich je nach Trümmerlage und je nach äußeren Bedingungen durch Ritzen, Spalten, Kanäle usw., die zum Teil mehrere Meter unter der Oberfläche liegen und die daher von außen unter Umständen überhaupt nicht sichtbar sind. Wenn ein Hund also ein Trümmerfeld absucht, ist es daher gut möglich, dass an der Oberfläche an mehreren Stellen Witterung austritt und der Hund demnach mehrere „Anzeigepunkte“ findet.

Das Ziel der Trümmerausbildung besteht darin, dass der Hund in einem solchen Falle diejenige Stelle ausarbeitet und anzeigt, an welcher der Geruch am stärksten ist. Diese Stelle muss sich nicht unbedingt in unmittelbarer räumlicher Nähe zur verschütteten Person befinden. Möglicherweise liegt die Person unter einer sogenannten Schichtung (siehe Seite 81 ff.), dass also mehrere in sich stabile Betondecken wie Bücher gestapelt übereinander liegen. Diese Betonschich-

Wenn der Hund anzeigt, muss er sich nicht immer in unmittelbarer Nähe zur Person befinden, falls der Geruch durch die Trümmer über Umwege zu ihm gelangt.

ten können in der Summe meterdick sein und natürlich dringt kein Geruch direkt durch sie hindurch. Allerdings besteht die Möglichkeit, dass sich der Geruch unter den Decken seitlich verteilt und am Rand der Schichtung austritt.

Der Hund wird also so gut wie keinen Geruch bekommen, wenn er direkt oberhalb der Person auf den Decken herumläuft, wohl aber an der Seite bzw. an der Kante derselben. Bei entsprechender Plattengröße befindet sich der Punkt der stärksten Witterung also unter Umständen viele Meter vom eigentlichen Aufenthaltsort der Person entfernt. Trotzdem bringt man Hunden bei, diese Stelle auszuarbeiten und anzuzeigen, da von dort oft die besten Chancen bestehen, Kontakt zur Person aufzunehmen bzw. zu ihr vorzudringen. Nach dem Motto „wo etwas herauskommt, geht vielleicht auch etwas hinein" gibt es zum Beispiel vielleicht die Möglichkeit, eine Kamera bis zur Person vorzuschieben, um die genaue Lage zu erkunden, damit dann mit der Rettung des Opfers begonnen werden kann.

Außerdem muss in den Trümmern jede Anzeige noch durch einen zweiten Hund bestätigt werden, um Irrtümer und zeitraubende Fehlgrabungen zu vermeiden. Sind alle Hunde nach dem gleichen Prinzip ausgebildet, gelangt man in solchen Fällen viel eher zu einem zuverlässigen Ergebnis. Zeigt der zweite Hund an derselben Stelle an wie der erste, kann man relativ sicher sein, dass sich in diesem Bereich tatsächlich ein guter Geruchspool befindet und im Ernstfall bei Rettungsmaßnahmen vernünftige Erfolgschancen gegeben sind.

Bei der Trümmerarbeit muss der Hund hoch motiviert und extrem konzentriert sein.

Grundsätzlich sollte der Hund natürlich – genau wie bei der Flächenarbeit auch – versuchen, die Lage der verschütteten Person möglichst punktgenau anzuzeigen. Je nach Trümmerlage ist auch das sogenannte Eindringverhalten erwünscht, was bedeutet, der Hund versucht, möglichst nahe an die Person heranzukommen – auch wenn diese mehrere Meter tiefer liegt. Dazu ist es nötig, dass er auf den Trümmern umherläuft und aktiv nach einer Zugangsmöglichkeit sucht. Bei lockerem Gesteinsschutt kann er zum Beispiel auch durch Scharren mit den Vorderpfoten versuchen, den Abstand zur Person zu verringern.

Der Unterschied zur Flächenarbeit liegt also darin, dass der Hund insgesamt zwar weniger Laufleistung bringen muss, da Trümmerfelder praktisch immer irgendwie sichtbar begrenzt sind. Dafür muss er seine Nase wesentlich gezielter einsetzen und vor allem muss er, nachdem er alle möglichen Zugänge zur Person überprüft hat, aktiv entscheiden, wo im Gebiet er denn nun am meisten Geruch bekommt und anzeigen möchte.

Dies erfordert eine hohe Motivation und vor allem auch Konzentrationsleistung des Hundes, zumal allein schon die Bewegung auf den Trümmern auch für einen leicht gebauten Vierbeiner oft nicht einfach ist und er ständig aufpassen muss, wo er hintritt. Besonders schnelle, hektische Hunde haben es hier schwerer, da sie durch ihr hohes Tempo anfälliger für Verletzungen und Stürze sind und gleichzeitig noch die „Denkleistung" der Nasenarbeit vollbringen müssen. Auch Hunde mit lockerem Hals, die – sei es durch Aufregung, durch falsche Ausbildung oder einfach aufgrund ihrer Veranlagung – zum diffusen Herumkläffen neigen, müssen bei der Trümmerausbildung gezielt an diese komplexe Aufgabe herangeführt werden.

Der Hundeführer muss auch hier seinen Hund genau kennen und wissen, wie welches Verhalten zu bewerten ist. Allerdings stellt sich die grundsätzliche Frage, ob solche Hunde zur Trümmerarbeit überhaupt geeignet sind. Ausbilder, Prüfer und Hundeführer müssen hier entscheiden, ob sie nicht in einer anderen Sparte der Sucharbeit besser, sicherer und zielführender eingesetzt werden können.

Übung und Wirklichkeit

Bei der Flächensuche ist es relativ einfach, eine Übungssuche unter sehr realistischen Bedingungen zu organisieren. Schließlich kann es jederzeit passieren, dass eine Person im Gelände vom Weg abkommt, dass ein Pilzsucher sich verirrt oder dass ein Jogger eine Abkürzung nehmen möchte und sich dabei so verletzt, dass er nicht mehr weiterlaufen kann. Man benötigt eigentlich nur ein geeignetes Gelände bzw. Waldstück in entsprechender Größe und ein oder mehrere „Opfer".

Bei Einsatzübungen sollte, wenn möglich, darauf geachtet werden, dass sowohl das Gelände als auch die Versteckperson(en) den Hunden und ihren Hundeführern fremd sind, um jeden Gewöhnungsvorteil auszuschließen. Wenn die Übungsleitung dann noch darauf achtet, dass die Teilnehmer im Vorfeld möglichst nichts von der geplanten Übung erfahren, sondern – wie im Realeinsatz – sozusagen „aus heiterem Himmel" alarmiert werden, kommt man den Bedingungen eines echten Flächensucheinsatzes schon sehr nahe. Bei guter Planung merken selbst „alte Hasen" oft lange Zeit nicht, dass es sich „nur" um eine Übung handelt.

In den Trümmern ist das schon deutlich schwieriger. In realen Trümmereinsatzgebieten finden sich weit mehr Dinge, welche die Arbeit der Teams und besonders den Geruchssinn des Hundes beeinflussen, behindern oder zum Teil sogar unmöglich machen können. Diese Umstände zu simulieren, ist im Rahmen einer Übung nicht immer möglich bzw. nur in unzureichendem Maße.

Beispiel 1:
Eine Übung einer Rettungshundestaffel findet auf einem ehemaligen Fabrikgelände statt. Die Gebäude wurden beim Auszug der Firma leergeräumt und sind teilweise noch erhalten und teilweise schon im Abriss befindlich. Fenster und Holzteile wurden vor Beginn der Arbeiten entfernt. Ein Teil der Gebäudereste wurde bereits abtransportiert, ein Teil liegt noch auf dem mit Bauzäunen abgesperrten Gelände. Die Hundeteams finden dort Mauerreste, Geröll, Schutt, Armierungseisen und Ähnliches vor. In den noch intakten Gebäudeteilen gibt es Treppenhäuser, Kellerräume, Büros, Produktionshallen, Flure, Einbauschränke, Nischen, Toiletten usw.

Ein Abrissgebäude wie hier ist ideal für die Übung einer Rettungshundestaffel geeignet.

Beispiel 2:
In einem südöstlich von Deutschland gelegenen Land hat ein mittelschweres Erdbeben stattgefunden. Eine Provinzhauptstadt mit 20.000 Einwohnern ist besonders schwer betroffen. Viele Gebäude sind ganz oder teilweise eingestürzt, an vielen Stellen ist Feuer ausgebrochen und es gab mehrere Explosionen. Es gibt viele Tote, Verletzte und Obdachlose. Außerdem weiß man nicht genau, wie viele Menschen unter den Trümmern verschüttet sind.

Bereits 48 Stunden nach dem Beben treffen die ersten Rettungshundeteams aus Deutschland und anderen EU-Ländern am Unglücksort ein. Sie finden ganze Straßenzüge in Schutt und Asche vor. Außer den Gebäudetrümmern liegen alle Arten von Hausmüll, Möbel, Teppiche, Kleidung, faulende Lebensmittelreste, tote Haustiere und Windeln offen herum. An mehreren Stellen gibt es große Öllachen. Über dem gesamten Gebiet hängt ein Geruchsgemisch aus Rauch, Müll, Fäkalien und Verwesung. Außerdem muss damit gerechnet werden, dass aus manchen Leitungen noch Gas austritt. Trotz des gegen die Brände eingesetzten Löschwassers ist die Luft extrem staubig und trocken.

Angesichts der hier geschilderten Umstände kann man sich vorstellen, dass es nur schwer möglich ist, für die Trümmersuchausbildung bzw. für Trümmerprüfungen einen Realeinsatz nachzustellen. Es mag erstaunen, dass besonders die Übungsgelände des Katastrophenschutzes hierfür nicht sehr gut geeignet sind – gerade an diesen Orten sollen die Teams doch auf den Ernstfall vorbereitet werden! Allerdings muss man sich vor Augen führen, dass es sich hierbei um „sterile Lager“ handelt, das heißt um Trümmer, die mit schwerem Gerät gezielt aufgebaut wurden und zum Teil schon sehr lange in dieser Position liegen. Die Gelände sind in aller Regel sehr fest eingezäunt und gesichert, sodass der Zutritt nur nach Anmeldung bzw. nach Einholen einer schriftlichen Genehmigung möglich ist. Realitätsnahe Bedingungen mit herausstehenden Metallspitzen, Glasscherben oder auch „nur“ herumliegenden Essensresten wird man dort meist vergeblich suchen.

Daher sind „echte“ Abrissgelände für die Trümmerausbildung weitaus besser geeignet. Zwar stehen sie naturgemäß nur für eine begrenzte Zeit zur Verfügung, aber dafür bieten sie im Laufe der Abrissarbeiten immer wieder neue Möglichkeiten zum Verstecken und neue Herausforderungen für die Hundeteams. Auch die Lage der Abrisstrümmer kommt einer realen Einsatzsituation oft sehr nahe.

Die Geruchsentwicklung in verschiedenen Trümmerlagen

In vollständig oder teilweise eingestürzten Gebäuden bestehen die besten Überlebenschancen in Hohlräumen. Man spricht auch von „raumbildenden Schadenselementen". Dort sind verschüttete Personen relativ sicher vor herabstürzenden Trümmerteilen geschützt und außerdem befindet sich dort noch am ehesten genügend Atemluft.

Je nach Bauart des Gebäudes und je nach Einsturzursache ist es allerdings mehr oder weniger wahrscheinlich, dass sich solche Hohlräume überhaupt bilden. Ist zum Beispiel nach einem Erdbeben im Iran ein aus aufgeschichteten Feldsteinen gebautes Haus eingestürzt, wird man buchstäblich nur noch einen Steinhaufen vorfinden, unter dem ein Überleben so gut wie unmöglich ist. Anders sieht es bei modernen Stahlbetonbauten aus, wie man sie beispielsweise häufig in den ostasiatischen Industrieländern findet. Bei einem Einsturz bleiben die Geschossplatten meist in sich relativ stabil und fallen einfach wie bei einem Kartenhaus übereinander. Hier kann es gut sein, dass eine Platte schräg an eine Wand gelehnt stehen bleibt, sodass sich darunter ein dreieckiger Hohlraum bildet.

Randtrümmer

Die sogenannten Randtrümmer entstehen, wenn ein Gebäude in sich zusammenbricht und einzelne Trümmerteile neben das eigentliche Gebäude fallen. Die Struktur dieser Ansammlungen besteht meist aus kleindimensioniertem Material und ist relativ locker. Bei einem Realeinsatz werden die Randtrümmer in aller Regel zuerst abgesucht. Da sie den Zugang zum eigentlichen Gebäude versperren, werden sie als erstes abgeräumt und müssen daher natürlich zuvor nach Überlebenden abgesucht werden.

Auch die Randtrümmer müssen vom Hund abgesucht werden.

Allerdings hängt die Wahrscheinlichkeit, darin Überlebende zu finden, entscheidend von der ursprünglichen Höhe des Gebäudes ab, denn man muss ja davon ausgehen, dass die Personen, die unter den Randtrümmern verschüttet wurden, ebenfalls aus einer gewissen Höhe abgestürzt sind.

Es kann aber auch passieren, dass Personen aus niedrig gelegenen Stockwerken beim Einsturz mit den Trümmern aus dem Haus herausgerutscht sind und sich eventuell noch relativ nahe am Gebäude befinden. Daher muss an jeder Stelle der Randtrümmer mit dem Fund von Verschütteten gerechnet werden. Nasenmäßig ist diese Kategorie relativ einfach zu bearbeiten, da Randtrümmer meist räumlich gut abgrenzbar und nicht sehr hoch sind. Liegt eine Person darunter, wird der Hund rasch zumindest diffuse Witterung bekommen und da der Hundeführer sich in aller Regel auch in der Nähe befindet, stellt die gezielte Ortung kein großes Problem dar.

Allerdings ist zu beachten, dass in der Nähe von Randtrümmern oft fremde Personen herumstehen (Rettungskräfte, Schaulustige, Angehörige, Presse), deren individuelle Störgerüche vom Hund natürlich genauso wahrgenommen werden. Dies kann den Hund in seiner Konzentration stören.

Da die verschütteten Personen oft vollständig mit Staub bedeckt sind, sind sie – besonders bei Nacht – optisch manchmal nur schwer zu erkennen und bei der Abtragung der Randtrümmer muss dementsprechend vorsichtig vorgegangen werden, um eventuell noch darin liegende Personen nicht zu verletzen.

Trümmerkegel

Unter Trümmerkegel versteht man die gesamte Schutt- und Trümmermasse eines eingestürzten Gebäudes. Diese „Haufen“ können oft viele Meter hoch sein und auch noch intakte Gebäudeteile teilweise oder vollständig verdecken. Die Struktur ist meist vollkommen ungeordnet, das heißt, verschiedene Baumaterialien liegen chaotisch durch- und übereinander. Auch ist die Struktur hier meist recht locker, sodass Witterung gut an die Oberfläche dringen kann. Außerdem sind die Trümmerkegel – je nach Größe der einzelnen Elemente – für die Hunde oft gut zu begehen und können so systematisch abgesucht werden.

In der Regel wird der Hund von unten nach oben geschickt. Bekommt er beim „Hinaufweg“ schon Witterung, wird er diese je nach Stärke ausarbeiten und anzeigen. Oben angekommen wird er sich kurz orientieren und dann durch Umherlaufen versuchen, möglichst aus allen Bereichen des Kegels ein wenig Geruch aufzunehmen. Wichtig ist hierbei die genaue Beobachtung des Hundes durch den Hundeführer – zum einen natürlich aus Sicherheitsgründen, zum anderen um den Hund zu „lesen“ und seine Körpersprache richtig zu interpretieren.

Bei einem Trümmerkegel wird der Hund von unten nach oben geschickt.

Zeigt der Hund beispielsweise an einer bestimmten Stelle Reaktion, kann er im weiteren Verlauf der Suche noch einmal dorthin geschickt werden, um genauer nachzuforschen. Oder man merkt sich die Stelle und ein zweiter Hund wird später noch einmal dort angesetzt.

Rutschflächen und „halbe Räume“

Rutschflächen bestehen aus in sich stabilen Decken bzw. deren Teilen, die an mindestens einer Seite ihr Auflager verloren haben und daher nach unten abgekippt sind. Für die Rettungsteams präsentieren sie sich meist als mehr oder weniger steile, glatte Fläche. Da die Rutschflächen oft an einer Seite irgendwie befestigt sind oder aufliegen, bilden sich unter ihnen häufig Hohlräume mit guten Überlebenschancen für Verschüttete. Allerdings ist die Ortung oft nicht ganz einfach, da die Flächen selbst wenig bis gar nicht vom Geruch durchdrungen werden können, vor allem, wenn sie in sich noch intakt sind.

Der Hund hat noch am ehesten an der oberen Auflagekante eine Chance, eine im Hohlraum befindliche Person geruchlich zu orten. Alternativ könnte man versuchen, die Rutschfläche selbst zu durchbrechen oder in benachbarte Räume vorzudringen. Vielleicht gibt es dort Löcher oder Risse im Mauerwerk, die Geruch von der anderen Seite durchlassen. Auch ein Lüftungsschacht kann hilfreich sein. Hier ist die Bauweise des Gebäudes wieder von entscheidender Bedeutung.

Unter Rutschflächen bilden sich häufig Hohlräume, in denen sich Verschüttete befinden könnten.

Schwieriger wird es, wenn eine Person sich im halben Raum, aber nicht im Hohlbereich befindet, sondern in dem Schuttbereich am unteren Auflieger der Rutschfläche. Je nach Menge des aufgelagerten Materials muss der Geruch zuerst dieses durchdringen, um dann – je nach Temperatur und örtlichen Gegebenheiten – oben oder auch seitlich wegziehen zu können. Befindet sich eine Person nahe des unteren Aufliegers der Rutschfläche, kann es gut sein, dass ein Hund unmittelbar daneben Witterung bekommt und an der unteren Kante anzeigt.

SONDERFALL HÄNGENDE RUTSCHFLÄCHEN

Solch eine Situation entsteht, sobald die Decke eines Geschosses durch einen Teileinsturz auf der einen Seite ihr Auflager verliert, an der anderen Seite aber noch durch verbindende Elemente (wie zum Beispiel Stahlverstärkungen) „festgehalten" wird und daher ähnlich wie ein Wäschestück auf der Leine nach unten offen im Leeren hängt. In der Regel sind diese Flächen aufgrund ihrer Steilheit nicht begehbar und geruchlich nur insofern interessant, wenn Personen, die sich zwischen den Flächen befinden, von der oberen Kante her geortet werden können. Dies kommt aber relativ selten vor und deswegen sei es lediglich der Vollständigkeit halber erwähnt.

Horizontale Schichtungen

Zu diesem Phänomen kommt es, wenn mehrstöckige Gebäude so einstürzen, dass die Geschossdecken parallel zum Boden übereinander liegen. Man nennt es daher auch „Blätterteig“ oder „pancake“ (Pfannkuchen). Die Chance, hier überlebende Personen zu finden, ist relativ hoch, da sich zwischen den einzelnen Schichten meist gute Hohlräume bilden. Allerdings sind diese verschütteten Personen für die Hunde nicht immer einfach zu orten.

Durch die teilweise meterdicken Schichtungen dringt kein Geruch direkt nach oben und der Hund kann die Witterung im Grunde nur am Rand der Lagerung überhaupt aufnehmen. Je nach Wetterlage kann es auch günstiger sein, von der Seite in die Schichtung vorzudringen, sich also quasi zwischen die Lagen zu arbeiten – vorausgesetzt, die örtlichen Gegebenheiten lassen es zu.

Hat ein Hund nun auf oder zwischen den Schichten angezeigt, ist es unbedingt erforderlich genauer nachzuforschen, wo die Person sich genau befindet. Vor allem bei vielstöckigen Gebäuden kann es sein, dass viele Schichten übereinanderliegen und dass sich zwischen allen Schichten Personen befinden. In der Regel kann man die Schichtungen nur von oben her abtragen und jedes Mal, wenn eine Schicht entfernt wurde, sollten die Hunde neu angesetzt werden, um festzustellen, ob sich gegenüber der vorigen Situation eine Veränderung im Suchverhalten ergibt.

Hat man sich beispielsweise inzwischen näher an die Person herangearbeitet, wird die Anzeige mit demselben Hund deutlicher ausfallen. Hier ist es wieder erforderlich, dass der Hundeführer seinen Hund ganz genau kennt und dessen

Bei diesem Trümmerfeld handelt es sich um eine sogenannte horizontale Schichtung.

Verhalten beurteilen kann. Da die Grundfläche einer horizontalen Schichtung so groß wie ein ganzes Stockwerk sein kann, ist es hier besonders wichtig, Hunde mit exakter Anzeige einzusetzen. Diffuses Herumkläffen führt zu unnötigen Verzögerungen, zumal das Abtragen der Schichtungen selbst auch extrem aufwändig ist und die Zeit immer gegen die Teams arbeitet.

Hochgelegene Trümmerkegel, Schichtungen und Rutschflächen

Je nachdem, wo sich diese Trümmerlagen im Schadensgebiet befinden, können sich Veränderungen in der Geruchsentwicklung ergeben. Die Höhe spielt insofern eine Rolle, als die Hunde dort oben einerseits nicht so sehr den „bodennahen Störgerüchen" wie Abgasen von Stromaggregaten, Müllbergen, Öllachen usw. ausgesetzt sind und somit mit etwas weniger Ablenkung zurechtkommen müssen. Andererseits kann der Wind in mehreren Metern Höhe natürlich ganz anders wehen und die menschliche Witterung unter Umständen weit von der Austrittsstelle wegtragen. Hier ist wegen der Absturzgefahr besondere Vorsicht geboten!

Bei hochgelegenen Trümmern ist besondere Vorsicht geboten, da die Absturzgefahr sehr groß ist.

Eine viel wichtigere Rolle spielt allerdings die Sonneneinstrahlung. Hochgelegene Schadenslagen sind – je nach Wetterlage – sehr stark der Sonne ausgesetzt und erwärmen sich entsprechend schneller und stärker. Die Hunde können daher unter Umständen leichter Geruch aufnehmen, da die menschliche Witterung dann eher auch durch kleine Ritzen austritt.

Allerdings muss hier dementsprechend zügig gearbeitet werden, da die Hunde in der Wärme schneller ermüden bzw. die Gefahr einer Überhitzung viel eher gegeben ist als bei Arbeiten zum Beispiel in Kellerräumen. Auch Konzentration und Nasenleistung lassen bei Wärme schneller nach, da die starke Sonneneinstrahlung oft zu großer Staubentwicklung führt. Hier gilt es, rechtzeitig Pausen zu machen, die Hunde in den Schatten zu bringen und ihnen Wasser anzubieten bzw. die Nase auch mit kühlem Wasser zu reinigen.

Versperrte Räume

Unter einem „versperrten Raum" versteht man einen in sich intakt gebliebenen Raum, dessen Zugang bzw. Zugänge (Türen, Fenster, Treppen) jedoch durch Trümmer versperrt sind. Dieses Phänomen ist häufig in Kellergeschossen anzutreffen, da das Erdreich bzw. das Fundament hier als zusätzliche Stütze wirkt und die Wände vor dem Einstürzen sichert. Personen, die in solchen Räumen verschüttet werden, haben naturgemäß relativ gute Überlebenschancen. Allerdings ist es oft schwierig, sie zu orten, zumal wenn es keine Informationen über die Anzahl der Verschütteten gibt.

Nach dem Einsturz eines großen Mehrfamilienhauses oder Bürogebäudes hat man meist zunächst keinen Überblick, wie viele Personen sich im Haus aufgehalten haben und wo sie zum Zeitpunkt des Unglücks genau waren. Je nach Zustand des Gebäudes kann es unter Umständen auch lange dauern, bis die Räumung der oben liegenden Trümmer abgeschlossen ist und man bis zu den Kellerräumen vordringt. Daher sollte – unabhängig von den restlichen Arbeiten – versucht werden, möglichst umgehend einen Zugang zum Kellergeschoss zu schaffen. Ist dies durch die Trümmerlage nicht möglich oder nur mit großem Zeitaufwand zu realisieren, kann man auch versuchen, mithilfe eines Wand- oder Deckendurchbruchs Zugang zu dem versperrten Raum zu erhalten.

Für Hunde ist es naturgemäß schwierig, Verschüttete in einem versperrten, aber an sich unversehrten Raum zu orten. Hier kann ebenfalls ein Durchbruch helfen – idealerweise im Bereich der Decke –, sodass die Hunde von oben angesetzt werden können und man so relativ rasch Anhaltspunkte darüber erhält, ob sich in dem Raum Personen befinden oder nicht.

Als „versperrt" gelten intakte Räume, die aber nicht zugänglich sind.

Hierbei handelt es sich um einen „angeschlagenen Raum“, der beschädigt, aber nicht eingestürzt ist.

Angeschlagene Räume

Als „angeschlagenen Raum“ bezeichnet man einen Raum, der zwar beschädigt, aber nicht eingestürzt ist. Auf den ersten Blick mag ein solcher Raum sogar völlig intakt erscheinen, aber bei näherem Hinsehen lassen sich zum Beispiel kleinere Löcher an den „Nahtstellen“ erkennen. Auch eine ganz leichte Neigung der Wände nach innen und die damit verbundene Bildung von Rissen gibt Aufschluss darüber, dass hier eine Beschädigung vorliegt – und dass unter Umständen sehr viel mehr Gefahren drohen, als es zunächst den Anschein haben mag!

Je nach Größe und Beschädigungsgrad der Räume sind die Überlebenschancen für Verschüttete hier relativ gut. Auch die Hunde haben meistens kaum Schwierigkeiten, die darin befindlichen Personen zu orten. Unter Umständen können sie sogar über Zugänge wie Türen oder über Rutschflächen oder Trümmerkegel von oben direkt in den Raum hineingelangen und die Personen dort punktgenau anzeigen. Befinden sich Trümmerteile in dem Raum, so bestehen diese in der Regel aus Wand- und Deckenteilen des Raumes selbst bzw. aus Möbelstücken und liegen daher relativ locker.

„Schwalbennester“

Diese bildhafte Bezeichnung kennzeichnet einen mehr oder weniger angeschlagenen Raum in einem Obergeschoss. Decke und Boden sind teilweise noch intakt, die Seitenwände sind zum Teil eingestürzt. Oft sind von unten oder von der Seite her Einrichtungsgegenstände zu erkennen, die noch ganz unversehrt an ihrem ursprünglichen Platz stehen. Der direkte Zugang ist versperrt bzw. nicht möglich, da die Tür mit einer der Seitenwände abgestürzt ist.

Die Ortung dort befindlicher Personen ist in der Regel relativ einfach, da die Menschen teilweise vom Boden oder von einem Kran aus zu sehen sind. Es kann aber auch sein, dass sich in solchen hoch gelegenen Lagen Trümmerkegel oder Rutschflächen befinden, unter denen wiederum Personen verschüttet sind.

Für Hunde sind diese Bereiche oft nur sehr schwer oder überhaupt nicht zugänglich, außerdem stellt die Absturzgefahr hier natürlich ein extrem hohes Risiko dar. Eventuell kann man versuchen, einen Hund von oben her an das „Schwalbennest“ heranzuführen. Je nachdem, in welcher Höhe man sich bewegt, kann sich dies aber als zu gefährlich herausstellen. Außerdem muss man natürlich je nach Wetterlage beurteilen, ob der Hund eine dort befindliche Person überhaupt in die Nase bekommen kann oder ob der menschliche Geruch aus dieser offenen Lage durch den Wind so stark weggetragen wird, dass ein Hundeeinsatz nicht sinnvoll ist.

Ein sogenanntes „Schwalbennest“ in einem Obergeschoss.

Gefüllte Räume

Je nachdem, mit welchem Material die Räume angefüllt sind, ist es dort sinnvoll oder nicht, mit Hunden zu suchen. Bei Flüssigkeiten müssen diese zuerst abgepumpt werden, was einige Zeit dauert, und naturgemäß werden Personen, die sich darin befinden, leider nur noch tot aufgefunden werden können. Ist ein Raum jedoch mit relativ lockeren Trümmern wie Holzelementen, kleineren Ziegelsteinen usw. angefüllt, gibt es unter Umständen die Chance, darunter tatsächlich noch Überlebende zu finden.

Je nach Größe des Raumes kann es für den Hund jedoch schwierig sein, die genaue Position der Personen zu orten, da die Witterung nicht wie im Freien an einer bestimmten Stelle austritt, sondern sich im Raum selbst „fängt“ und eine exakte Ortsbestimmung unmöglich machen kann. Hier muss man sich damit begnügen, den Raum an sich als möglichen Fundort zu markieren und versuchen, mit schrittweiser Abtragung der Füllmaterialien weiter an die Person heranzukommen. Eventuell kann auch nach dem ersten Arbeitsgang der Räumungsteams noch einmal ein Hund angesetzt werden. Wurde durch die Räummaßnahmen der Zugang zur Person vergrößert bzw. erleichtert, kann der Hund nun vielleicht seine Anzeige konkretisieren.

Schichtweises Abräumen nach Beendigung der Suche

Ist die Suche in einem Bereich vorerst beendet, kann durch die Räummannschaften schrittweise mit der Beseitigung der Trümmer begonnen werden. Allerdings sollte man dabei sehr vorsichtig vorgehen, solange eine Chance besteht, in diesem Bereich noch Menschen zu finden. Durch die veränderte Geruchssituation werden eventuell Verschüttete besser zugänglich bzw. die geruchliche Ortung durch Hunde wird überhaupt dann erst möglich. Außerdem muss man immer mit weiteren Funden rechnen, besonders wenn die Anzahl der Vermissten unklar ist.

Suchtaktik: Grob- und Feinsuche

Je nach Trümmerlage wird man eine Vermisstensuche in der Regel zunächst mit der sogenannten Grobsuche beginnen, wobei man sich „von außen nach innen" vorarbeitet und mit den Randtrümmern beginnt. Hierbei wird ein bestimmter Teil eines Schadensgebietes eingegrenzt wie zum Beispiel einer von mehreren Trümmerkegeln, eines von mehreren Stockwerken usw. Der Hund arbeitet diesen relativ großen Bereich in hohem Tempo selbstständig ab.

Normalerweise achtet man darauf, dass er während der Suche immer in Sichtweite des Hundeführers bleibt, sodass dieser seinen Hund genau beobachten und sich gegebenenfalls Stellen merken kann, an denen der Hund reagiert hat, ohne jedoch direkt anzuzeigen. Außerdem soll dieser Sichtkontakt natürlich die Sicherheit erhöhen, denn der Hundeführer muss den Hund während der Suche durch Zuruf steuern oder anhalten können.

Häufig ergeben sich während dieser ersten Grobsuche bereits Anhaltspunkte für austretende Witterung oder vielleicht gelangt der Hund sogar gleich zu einer Anzeige. Dies geschieht insbesondere dann, wenn die verschütteten Personen relativ nahe unter der Trümmeroberfläche liegen. Insofern kann eine Grobsuche zu Anfang viel Zeit sparen.

Hat sich bei einer überblickshaften Grobsuche kein konkreter Anhaltspunkt ergeben, wird man – je nach Situation – direkt mit der vorsichtigen Beräumung des Gebietes beginnen und eventuell später die Hunde noch einmal über das Trümmerfeld laufen lassen. Falls es aber Anlass zu der Vermutung gibt, dass sich an bestimmten Stellen im Bereich tatsächlich Verschüttete unter den Trümmern befinden, wird im nächsten Schritt eine Feinsuche durchgeführt. An den Stellen, an denen die Hunde bei der Grobsuche reagiert haben, wird nun tatsächlich jeder Stein einzeln abgesucht. Hierzu zeigt der Hundeführer genau an, wohin der Hund gehen soll. Oft kann so eine diffuse Anzeige aus einer Grobsuche hier konkretisiert oder bestätigt werden.

Natürlich ist es in erster Linie eine taktische Entscheidung des Einsatzleiters Rettungshunde, welche Teams für welche Suchart eingesetzt werden. Für eine Grobsuche empfehlen sich erfahrene Hunde, die in der Lage sind, rasch einen Überblick über die Situation in einem Gebiet zu liefern, und die auch wissen, wie die vorhandenen Gerüche in diesem Gebiet zu bewerten sind, sprich: ob es für eine Anzeige „reicht".

Für die Feinsuche dagegen werden Hunde benötigt, die von Natur aus nicht zu schnell unterwegs sind, die sich vom Hundeführer gut lenken lassen und die in der Lage sind punktgenau anzuzeigen. Sie sollten also nicht zu bellfreudig sein.

Temperatur

Bei der Arbeit in den Trümmern spielt – ebenso wie bei den anderen Sparten der Rettungshundearbeit – der Zustand der Atmosphäre eine sehr wichtige Rolle. Insbesondere die Temperatur wirkt sich ganz entscheidend auf die Geruchsbildung und -entwicklung aus.

Da die Luft sich mit zunehmender Sonneneinstrahlung zum Teil stark erwärmt, steigt sie naturgemäß nach oben und die Geruchspartikel werden mitgetragen. Besonders in senkrechten Schächten mit kleiner Grundfläche bildet sich

Die Sonneneinstrahlung nimmt auch bei der Trümmersuche starken Einfluss auf die Geruchsbildung.

dann rasch der sogenannte „Schornsteineffekt", das heißt, der Geruch wird stark nach oben gezogen und für einen unten arbeitenden Hund ist es schwierig bis unmöglich, die sich über ihm befindliche Person zu orten. Typische Beispiele hierfür sind Aufzugschächte. Befinden sich diese an einer Außenwand des Gebäudes und sind sie vielleicht sogar noch mit dunkelfarbigem Metall verkleidet, ist der Effekt besonders stark.

Auch eine geringe Sonneneinstrahlung bei diffusem Licht kann die Geruchsverteilung bereits entscheidend beeinflussen, sodass es zum Beispiel bei einer Schichtung tatsächlich von der Tageszeit und von der Wetterlage abhängt, ob der Hund ober- oder unterhalb der Lagen Witterung bekommen kann.

Bei Realeinsätzen in südlichen Ländern ist dieser Schornsteineffekt natürlich noch um ein Vielfaches stärker. Dazu kommt die Wärme an sich, die den Suchkräften zu schaffen macht, und natürlich die Staubentwicklung. Hier wären wir wieder bei der Frage angelangt, wie lange der Hund denn auf den Trümmern konzentriert suchen kann. Es geht ja nicht, wie bei der Flächensuche, darum, ein Gelände abzulaufen und bei Witterungsaufnahme dann „durchzustechen", sondern der Trümmersuchhund muss jede kleine Fläche und jeden einzelnen Winkel des Geländes ganz bewusst absuchen, um keine Stelle, an der Witterung austreten könnte, zu überlaufen – und sei sie auch noch so klein und unscheinbar.

Zusammen mit der eigentlichen Laufleistung ergibt sich ein ganzes Paket von Anforderungen an den Hund, was Konzentration und Motivation angeht. Der Hundeführer muss sich dessen bewusst sein und seinen Hund unterstützen, indem er immer wieder Pausen verordnet, in denen der Hund – idealerweise im Schatten – kurz ruhen kann. Währenddessen muss ihm unbedingt Wasser zum Trinken angeboten werden. Außerdem sollte der Hundeführer auch darauf achten, dass die Nase des Hundes gründlich angefeuchtet und gereinigt wird. Bedeckt man den Hund zusätzlich mit feuchten Tüchern, kann noch mehr Abkühlungseffekt erreicht werden (Vorsicht vor Zugluft!).

Grundsätzlich gilt, dass eine Pause gemacht werden muss, bevor sich beim Hund Ermüdungserscheinungen bemerkbar machen. Als Beutegreifer sind Hunde im Allgemeinen hart im Nehmen und wenn sie zeigen, dass es ihnen nicht gut geht oder eine Pause brauchen, haben sie die Belastungsgrenze oft bereits weit überschritten. Bei warmem Wetter sollte man den Hund also lediglich einige Minuten (!) am Stück auf den Trümmern suchen lassen, bevor man ihm eine Pause verordnet, und mit zunehmender Zeit müssen diese Pausen auch immer länger werden. Bei kühlem, feuchtem Wetter kann eine Suchphase durchaus einmal 10 bis 15 Minuten am Stück andauern, aber dann ist auch für einen geübten Hund die Konzentration wirklich ausgereizt.

FLOWCHECK

Um möglichst realistisch nachzuprüfen, wie der Geruch sich entwickelt und verteilt, hat sich das sogenannte Flowcheck-Gerät bewährt. Ursprünglich wurde es für Kanalarbeiter entwickelt, die Lecks in Rohrleitungen diagnostizieren sollen. Dieser Strömungsprüfer erzeugt mithilfe einer chemischen Reaktion Nebelwolken, die in ihrer Zusammensetzung sehr ähnlich sind wie normale Luft und die sich daher auch genauso verhalten. Der Vorteil gegenüber herkömmlichen Windprüfern wie Zigarettenrauch, Mehl oder Babypuder besteht darin, dass die Teilchen nicht einfach zu Boden fallen oder sich verflüchtigen, sondern in einer Wolke sichtbar stehen bleiben, sodass man die Luftströmungen tatsächlich räumlich sichtbar machen kann. Dies erleichtert die Einschätzung der Schwierigkeit einer bestimmten Suchsituation und die Beurteilung der gezeigten Leistungen. Bei Trümmerprüfungen für Rettungshunde kommt das Gerät mittlerweile routinemäßig zum Einsatz.

Das Flowcheck-Gerät hat sich bei der Überprüfung, wie sich der Geruch entwickelt, gut bewährt.

Lebend- und Totanzeigen

Grundsätzlich gilt bei der Trümmerarbeit, dass die Suchhunde keine Leichen anzeigen sollen. So hart es klingt: Der Körper einer verstorbenen Person muss vom Hund ignoriert werden, auch wenn es für die Angehörigen meist von enormer Bedeutung ist, dass Tote geborgen und bestattet werden können. Doch dafür ist später immer noch Zeit. Beim Rettungshundeeinsatz in den Trümmern geht es darum gezielt Überlebende aufzuspüren, damit sie gerettet werden können. Besonders bei Großeinsätzen mit vielen Verschütteten muss es rasch gehen und man kann sich nicht stundenlang damit aufhalten, eine Person auszugraben, von der sich dann herausstellt, dass sie schon vor vielen Stunden verstorben ist.

Speziell bei frisch Verstorbenen ist der geruchliche Unterschied zum lebenden Körper für Hunde allerdings oft nicht klar zu erkennen, vor allem wenn die Person für den Hund nicht direkt zugänglich ist. Der Ansatz eines zweiten Hundes kann hier eventuell für mehr Klarheit sorgen, sodass dann eine Entscheidung darüber getroffen wird, ob an dieser Stelle gegraben werden soll oder nicht.

In diesen Situationen ist es von höchster Wichtigkeit, dass der Hundeführer seinen Hund ganz genau kennt und weiß, wie dieser in unterschiedlichen Auffindesituationen reagiert. Praktisch alle Hunde zeigen bei toten Körpern ein verändertes Anzeigeverhalten. Der Hundeführer muss dieses Verhalten erkennen und entsprechend deuten können.

Allerdings muss man hier auch erwähnen, dass sich diese Problematik in der Regel nur bei internationalen Großeinsätzen mit vielen Verschütteten stellt, deren Anzahl oft unklar ist. Realistisch betrachtet kommen die allerwenigsten Rettungshundeteams in ihrer Laufbahn tatsächlich in eine solche Situation. Bei kleineren Trümmereinsätzen im Inland, wie zum Beispiel eine Gasexplosion in einem Wohnhaus, ist die Zahl der Vermissten begrenzt und meist sogar genau bekannt, sodass auf Anzeigen der Hunde schneller und gezielter reagiert werden kann als in den chaotischen Verhältnissen eines internationalen Großeinsatzes.

Restwitterung

Der Restgeruch, der nach der Rettung bzw. Bergung einer Person an der Fundstelle zurückbleibt, darf für einen ausgebildeten Trümmerhund kein Problem darstellen. Im Einsatz darf es nicht vorkommen, dass ein Hund beim zweiten Suchansatz beharrlich an einer Stelle anzeigt, an der sich gar keine Person mehr befindet. Dadurch geht wertvolle Zeit verloren, innerhalb derer man vielleicht das Leben eines anderen Verschütteten hätte retten können.

Daher müssen Trümmerhunde in ihrer Ausbildung ausdrücklich dazu angehalten werden, Restwitterung in einem „alten“ Versteck zu ignorieren. Hat der Hund ein Versteck einmal ausgearbeitet und angezeigt, ist es für ihn „erledigt“ und darf nicht noch einmal angezeigt werden. Organisatorisch kann dies in der Ausbildung leicht bewerkstelligt werden, indem man die Versteckpersonen, nachdem sie die Anzeige des Hundes bestätigt haben, einfach im Versteck liegen lässt und der Hund daneben direkt weiterarbeiten soll.

Mehrere Personen im Versteck

Für sehr fortgeschrittene Teams kann man auch einmal zwei Verstecke wählen, die direkt nebeneinander liegen. Idealerweise ist mindestens eine der Versteckpersonen für Hund und Hundeführer nicht sichtbar. Der Hund soll das erste Versteck ausarbeiten und anzeigen. Wird er vom Hundeführer dann nach der Bestätigung zur weiteren Suche geschickt, wird ein erfahrener Hund darauf bestehen, die zweite Versteckperson, die er in der Regel buchstäblich „im selben Atemzug" geortet hat wie die erste, ebenfalls anzuzeigen.

Der Hundeführer muss sich dann ganz auf seinen Hund verlassen und darf sich nicht vom Gedanken an die Restwitterung täuschen lassen! Denn dies kann in einem Realeinsatz durchaus so vorkommen. Wenn sich zum Beispiel zwei Personen zum Zeitpunkt des Gebäudeeinsturzes gerade im selben Raum aufgehalten haben, liegen sie oft auch unter den Trümmern nicht weit voneinander entfernt.

Die Ausbildung zur Trümmersuche

Selbstverständlich kann man in den Trümmern dasselbe Ausbildungsprinzip anwenden wie bei der Flächensuche. Man beginnt „von hinten" (Backchaining), das heißt, der Hundeführer geht mit dem Hund und der Versteckperson ins Versteck. Dort wird der Hund erstmals bestätigt, eventuell kann man beim etwas fortgeschrittenen Hund schon eine kleine Verbellanzeige verlangen. Dann verlässt der Hundeführer mit dem Hund das Versteck – die Versteckperson bleibt vor Ort! Der Hund wird erneut zum Suchen geschickt. Da er ja bereits weiß, wo die Versteckperson sich genau befindet, wird er sie rasch wieder anzeigen.

Allmählich kann die Distanz zum Versteck dann vergrößert werden, indem der Hund zum Beispiel in einen Nachbarraum gebracht und von dort aus geschickt wird. Auch kann die Auffindesituation vor Ort schrittweise schwieriger gestaltet werden. Saß die Versteckperson beispielsweise anfangs in einem offenen Schrank, kann sie nun durch das Schließen von Türen nach und nach außer Sicht des Hundes gebracht werden. Da der Hund die Grundsituation schon kennt und weiß, dass er sie bewältigen kann, wird er jedes Mal zuversichtlich und motiviert in die neue Suche hineingehen.

Dieses Backchaining-Prinzip lässt sich – wie bei der Flächensuche auch – auf alle möglichen Such- und Auffindesituationen anwenden. Hat der Hund auf diese Weise vielfältige Situationen möglichst stressfrei kennengelernt und dabei viele Erfolgserlebnisse gehabt, werden ihm die späteren „Kaltstarts" bei den echten Suchen nicht schwer fallen. Er wird motiviert starten und bei richtigem Suchaufbau auch ausdauernd arbeiten, auch wenn ihm die Verstecke nicht vorher „gezeigt" wurden.

Distanzanzeigen

Einer der wesentlichen Unterschiede zur Flächensuche besteht darin, dass der Hund in den Trümmern den Umstand akzeptieren muss, in den meisten Fällen nicht sehr nahe an die Versteckperson heranzukommen. Oft kann er sie auch nicht sehen, um seine Nasenarbeit zu bestätigen. Er muss sich also noch mehr als normalerweise ohnehin schon auf seine Nase verlassen – und dann muss er auch noch herausfinden, wo genau der Geruch am stärksten ist und an dieser Stelle anzeigen.

In der Ausbildung schult man dieses Vertrauen des Hundes in seine eigenen Fähigkeiten durch die sogenannten Distanzanzeigen. Hier funktioniert das Prinzip des Backchaining natürlich nicht so einfach, denn der Hund soll ja gerade nicht wissen, wo die Versteckperson genau ist. Man wird die Distanzanzeigen also erst von einem Hund verlangen, der die Personen in einfachen bzw. leicht zugänglichen Verstecken bereits sicher frei sucht und anzeigt.

Hierzu kann man die verschiedensten „geschlossenen" Verstecke nutzen, wie zum Beispiel einen Schrank, eine geschlossene Zimmertür, ein Trümmerloch, welches mit einer Holzplatte verschlossen wird, einen Schacht mit Deckel, eine Luke im Boden, ein Hochregal, einen Gütercontainer, einen Lichtschacht, eine Betonröhre mit verschlossenen Enden, einen Kran, einen Bagger oder einen Lkw, einen Altpapiercontainer usw. Hier ist die Kreativität des Ausbilders gefragt, um die Möglichkeiten des Trainingsgeländes möglichst voll auszureizen.

Bei der Trümmerarbeit ist die Distanzanzeige ganz wichtig.

Wie schnell ein Hund sich zur Anzeige auf Distanz entschließt, ist individuell verschieden. Manche Hunde lösen bereits bei diffuser Witterung aus, ohne die genaue Geruchsquelle geortet zu haben. Andere wollen es ganz genau wissen und tun sich eher etwas schwer, besonders wenn sie die Versteckperson nicht zusätzlich visuell wahrnehmen können.

Ich erinnere mich an eine Übung in einem alten Sägewerk. Der Raum, in dem sich die großen Sägen befanden, war mit einem alten Dielenboden ausgestattet. Durch die breiten Ritzen zwischen den Dielen fiel das Sägemehl in ein unten liegendes Lager. Und genau dort unten befand sich die Versteckperson. Durch die Ritzen im Fußboden drang genügend Witterung nach oben, aber unter dem Boden war es auch tagsüber so dunkel, dass Hund und Hundeführer die Person nicht sehen konnten. Ein Hundeteam nach dem anderen wurde in die Suche geschickt. Einige Hunde begannen sofort zu bellen, nachdem sie den Raum betreten hatten, konnten sich aber auch nach längerer Suche nicht festlegen, wo genau die Person denn nun versteckt war. Andere zeigten zwar durch ihre Körpersprache deutlich an, dass sie Witterung in der Nase hatten, aber der vorhandene Geruch reichte ihnen für eine Anzeige nicht. So liefen sie nur verzweifelt hin und her, ebenfalls ohne sich zu einer klaren Anzeige entschließen zu können. Praktisch alle Teams benötigten Hilfe in Form eines Hinweises auf das Versteck durch den Ausbilder.

Wichtig ist auch hier, dass der Hundeführer seinen Hund und dessen normale Verhaltensweisen genau kennt, sodass er Abweichungen davon richtig erkennen und beurteilen kann. Außerdem benötigt auch ein erfahrener Hund manchmal ganz einfach Zeit, um ein schwieriges Distanzversteck auszuarbeiten. Für Hundeführer und Ausbilder ist es nicht immer einfach, nur dazustehen und zu warten, bis der Hund sich zu einer definitiven Anzeige entschieden hat!

Dauert die Arbeit zu lange, muss der Ausbilder natürlich eingreifen, bevor der Hund vor lauter Frust einfach losbellt oder anderes Übersprungsverhalten zeigt. Er kann entweder sich selbst in Richtung des Verstecks bewegen, um dem Hund einen Hinweis zu geben, oder er kann dem Hundeführer andeuten, dieses zu tun. Allerdings besteht bei diesem Vorgehen die Gefahr, dass der Hund an Selbstständigkeit verliert und sich zukünftig in schwierigen Situationen immer mehr auf seinen Hundeführer verlässt.

Daher ist es besser, die Situation selbst nach Möglichkeit so zu verändern, dass der Hund das Problem doch noch allein lösen kann. Konkret heißt dies hier, dass die Versteckperson zum Beispiel einen Arm oder ein Bein aus dem Versteck heraushängen lassen kann oder bei geschlossenen Verstecken den Zugang etwas öffnet, sodass mehr Geruch nach außen dringen kann.

Eine große Rolle spielt auch die Zeit, welche die Person bereits im Versteck zugebracht hat. Je nach Größe des Raumes dauert es etwa 15 Minuten, bis ihr Geruch sich überall ausgebreitet hat. Dadurch wird es für den Hund sehr viel schwieriger, dessen Herkunft genau zu orten. Einen unerfahrenen Hund wird man also anfangs rasch zur Suche schicken, um es ihm möglichst leicht zu machen.

Suche unter geruchlicher Ablenkung

Wie oben bereits ausgeführt, sind die Ablenkungen, die in einem Realeinsatz auf die Hunde einwirken, äußerst vielfältig und im Übungsbetrieb teilweise nur schwer nachzustellen. Trotzdem muss natürlich bei der Trümmerausbildung darauf Wert gelegt werden, die Teams auch damit zu konfrontieren. Recht leicht zu erzeugen sind zum Beispiel Feuer und Rauch. Je nachdem, was genau verbrannt wird, kann man auch mit relativ wenig Aufwand beachtliche Rauchwolken erzeugen. Hier bietet es sich an, mit der örtlichen Freiwilligen Feuerwehr Kontakt aufzunehmen und sie zu einer gemeinsamen Übung einzuladen. Diese Fachleute können den benötigten Rauch quasi auf Wunsch liefern und notfalls das Feuer auch rasch wieder löschen. Ebenso können sie mit ihren Löschfahrzeugen Wasserdampf erzeugen, der sich bei der Brandbekämpfung zwangsläufig bildet. Dieser hat zwar an sich nicht viel Geruch, aber die Luftfeuchtigkeit verändert sich dadurch und durch die Hitze der Dampfwolken können manche Hunde auch irritiert werden.

Ebenfalls relativ leicht nachzustellen ist die Kontamination der Luft durch Abgase. Sei es durch ein Fahrzeug, das mit laufendem Motor am Rand oder mitten im Suchgebiet steht, oder durch mehrere Notstromaggregate, die zudem noch ordentlich Krach machen.

Flüssigkeiten wie Öl können die Hunde genauso bei ihrer Nasenarbeit stören wie chemische Gase und Dämpfe. Hier kommt noch eine gewisse Gefährdung durch diese Substanzen für Hund und Hundeführer hinzu. Auch diese Dinge sollten unter kontrollierten Bedingungen so oft wie möglich trainiert werden. Hierzu empfiehlt es sich ebenfalls, sich mit der örtlichen Feuerwehr in Verbindung zu setzen.

Ganz einfach herzustellen ist die Ablenkung durch „menschliche" Gerüche, wie frisch getragene Kleidungsstücke, aufgerissene Müllbeutel, offen herumliegende Essensreste oder Fäkalien. Letztere können dem Hund zum Beispiel durch mitgebrachte Windeln präsentiert werden. Hier ergibt sich zum einen die geruchliche Ablenkung, das heißt, inwiefern der menschliche Geruch, der vom Hund gesucht werden soll, dadurch überdeckt wird. Mit dem Flowcheck-Gerät und der entsprechenden Platzierung der Gegenstände kann man die Ausbildung in diesem Punkt relativ gut steuern. Andererseits stellen diese Ablenkungen für Hunde natürlich immer auch eine Versuchung dar, sich mal kurz aus der Suche auszuklinken und von den „Leckereien“ zu probieren. Das ist wegen der Vergiftungsgefahr natürlich strengstens verboten und muss scharf sanktioniert werden!

Manchmal werden auch gezielt Reste von vergammeltem Schweinefleisch ausgelegt, um die Hunde abzulenken. Angeblich soll dies dem menschlichen Verwesungsgeruch besonders ähnlich sein. Ob das wirklich ausreicht, um den Hunden beizubringen, dass sie Leichengeruch ignorieren sollen, sei dahingestellt, aber es ist auf jeden Fall besser, mit Schweine- oder anderem Fleisch zu trainieren als überhaupt nicht.

Mithilfe von Fleisch werden häufig Verleitgerüche gelegt.

Die Suche in Gebäuden

Wie eingangs bereits erwähnt, ist es für Rettungshundestaffeln oft nicht einfach, geeignete Trainingsgelände für die Trümmersuche zu finden. „Echte“ Trümmer findet man selten und da die Abrissarbeiten meist rasch vorangehen, kann sich ein gut geeignetes Gelände innerhalb einer Woche so verändern, dass es für die Ausbildung schon nicht mehr interessant ist. Daher wird man häufig auf leer stehende Gebäude zurückgreifen, die nicht mehr genutzt werden, wie zum Beispiel eine Fabrik, eine Brauerei, ein Bürogebäude oder ein Krankenhaus. Hier gibt es jede Menge Möglichkeiten, die Fertigkeiten der Hunde (und der Hundeführer) zu schulen, die sie dann bei der nächsten Gelegenheit in „echten“ Trümmern anwenden können.

Auch wenn Hunde Nasentiere sind, orientieren sie sich doch immer gern zusätzlich über die Augen – besonders in einer Umgebung, in der sie sich nicht auskennen. Daher neigen sie instinktiv dazu, immer in Richtung Licht zu laufen und die Dunkelheit zu meiden. Grundsätzlich ist das natürlich richtig und kann im Ernstfall lebensrettend sein, aber trotzdem muss das Arbeiten in völliger Dunkelheit geübt werden, denn bei einem realen Trümmereinsatz müssen die Hunde zum Teil mehrere Meter „unter Tage“ gehen.

Für diese Trainingssituation bieten sich fensterlose Räume an und es ist eine hervorragende Gelegenheit, bei unerfahrenen oder zögerlichen Hunden das Prinzip des Backchainings anzuwenden. Auch Türen, die ins Dunkle führen (wie Kellertüren), werden sowohl von den Hunden als auch von den Hundeführern gern einmal übersehen. Oft herrschen in fensterlosen Räumen auch ganz andere Witterungsverhältnisse als „draußen“, da die Luft dort meist wesentlich kälter ist und der menschliche Geruch sich entsprechend verhält.

Besonders schwierig abzusuchen sind Kühlräume. Sie sind extrem gut isoliert und daher sehr dicht. Die Luft zirkuliert dort deutlich weniger als in normalen Räumen, sodass der Hund schon sehr nahe an das „Loch“ herangehen muss, hinter dem sich die Versteckperson verbirgt, um Witterung von ihr zu bekommen. Außerdem sind Kühlräume in aller Regel mit leistungsstarken Klimaanlagen ausgestattet, die sich meist an der Decke befinden. Auch wenn die Anlagen stillgelegt sind, stellen sie doch die einzige Stelle dar, an der Luft aus dem Raum entweichen kann, und so wird die Witterung der Versteckperson oft regelrecht nach oben „abgesaugt“ und die Hunde haben auf ihrer üblichen Nasenhöhe zum Teil doch ganz erhebliche Schwierigkeiten, die Person genau zu orten.

Klimaanlagen sind übrigens ein Thema für sich. Auch in normal durchlüfteten Räumen können sie die Witterung einer Person fast vollständig abführen. Ich erinnere mich an eine Versteckperson, die ebenerdig etwa zwei Meter weit in einer Wandnische saß. Direkt daneben befand sich eine Öffnung für die Lüftungsanlage, welche eingeschaltet war. Man konnte das Geräusch hören und in unmittelbarer Nähe der Öffnung war auch deutlich ein Luftzug zu spüren. Das Versteck war mit Metallgittern zugestellt, sodass die Person auf den ersten Blick nicht sichtbar war, und so wurde sie von den Hunden beim ersten Vorbeilaufen nur ganz schwach geruchlich wahrgenommen.

Durch solch einen Lüftungsschacht kann die geruchliche Wahrnehmung einer Person sehr erschwert werden.

Alle Hunde entschieden sich dafür, diese schwache Witterungsfahne vorerst zu ignorieren und die dahinter liegenden Räume abzusuchen. Erst auf dem Rückweg erinnerten sie sich daran, dass ja dort vorher auch irgendwas gewesen war. Definitiv zur Anzeige entschieden sich die Hunde aber erst, nachdem sie ganz in die etwas dämmerige Nische hineingelaufen waren und die Person durch die Metallgitter sehen konnten.

Eine weitere gute Versteckmöglichkeit in Gebäuden bietet sich auf Schränken an. Sind diese breit genug

DIE NASE FREI MACHEN

Besonders in unklaren Situationen, zum Beispiel wenn die Person im Raum nicht direkt sichtbar ist oder wenn Dunkelheit herrscht, neigen Hunde auch manchmal dazu, nach der ersten Witterungsaufnahme den Raum nochmals zu verlassen. Dies dient dazu, die Nase „frei zu machen" und den Adaptationseffekt auszuschließen und ist daher nicht als fehlerhaft zu bewerten. Hat der Hund draußen eine Nase voll frischer Luft genommen, wird er den Raum erneut betreten, um dann genauer ausarbeiten zu können, wo sich die Geruchsquelle genau befindet.

und ist der Raum vielleicht noch ein wenig dunkel, hat man gute Chancen, dass der Hund die Versteckperson tatsächlich nicht sehen kann, sondern sich voll und ganz auf seine Nase verlassen muss. Hier kommt es je nach Größe des Raumes oft zu dem Phänomen, dass der „warme" Geruch von der Person nach oben steigt, an der Zimmerdecke abgelenkt wird, an der gegenüberliegenden Wand abgekühlt wieder zu Boden sinkt und dort vom Hund wahrgenommen und angezeigt wird. Befindet sich in diesem Bereich eine Tür, sollte der Hundeführer diese nach Möglichkeit öffnen, um dem Hund zu zeigen, dass die Person sich nicht im Nachbarraum befindet. Ein erfahrener Hund wird dann nach einem anderen Zugang suchen, um möglichst nahe an die Person zu gelangen, und sich letzten Endes entschließen, doch am Schrank nach oben anzuzeigen – und dies, obwohl dort wahrscheinlich relativ wenig Geruch sein wird und er die Person unter Umständen überhaupt nicht sehen kann!

Das ist eine sehr fortgeschrittene Übung und mancher Hund benötigt dabei etwas Hilfe. Diese kann beispielsweise so aussehen, dass die Versteckperson nach einiger Zeit ein Bein oder einen Arm vom Schrank herunterhängen lässt, um es dem Hund einfacher zu machen. Das ist besonders dann anzuraten, wenn die Person sich längere Zeit auf dem Schrank befindet, denn nach etwa einer Viertelstunde hat sich der Geruch im ganzen Raum verteilt und die genaue Ortung wird für die Hunde dann besonders schwierig.

Grundsätzlich empfiehlt es sich besonders bei unerfahrenen Hunden, in jedem Versteck die Witterungsverhältnisse zu prüfen, bevor man die Hunde losschickt. Vermeintlich „einfache" Verstecke entpuppen sich bei diesem Test oft als ganz schön kniffelig, wie zum Beispiel hinter einer langen Reihe von Schließfächern, bei denen einzelne Türen fehlen. Die Versteckperson kann sich zwar hinter den Fächern auf den Boden setzen und befindet sich damit auf Höhe der Hundenase, aber besonders am Anfang der Suche dringt oft nur sehr wenig Geruch durch die offenen Fächer nach draußen und temperamentvolle Hunde „überlaufen" so ein Versteck häufig – auch wenn sie nur einen halben Meter neben der Person vorbeilaufen!

Die Versteckperson kann auch hier beispielsweise einen Arm in das offene Schließfach legen, um den Hund zu unterstützen. Eine ähnliche Situation findet man oft hinter Durchreichen in Küchenanlagen. Hier kommen oft durch die bereits erwähnten Lüftungsanlagen noch zusätzliche Effekte der Luftverwirbelung zum Tragen. Zusätzlich ist im Küchenbereich verstärkt auf Rattengift zu achten, das den Hund von der Suche ablenken und ihn unter Umständen sogar in Lebensgefahr bringen kann.

Interessant ist es auch, die Person unter einer Theke zu verstecken, die zwar auf Bodenhöhe geschlossen ist, aber nach oben Ritzen und Öffnungen für eine Zapfanlage hat. Es ist gut möglich, dass der Hund die Person in seiner unmittelbaren Nähe nicht findet, sondern stattdessen ganz am anderen Ende der Theke anzeigt – mehrere Meter vom eigentlichen Versteck entfernt!

Eine Suchumgebung, die wohl so ziemlich jeden Hund an seine Grenzen bringt, ist ein Raum mit lauter kleinen Abteilen, die sowohl zum Boden als auch zur Decke hin offen sind, wie Dusch- oder Umkleidekabinen. Der Geruch verteilt sich völlig unkalkulierbar überall im Raum, der Hund hat durch die kleinräumige Unterteilung sehr wenig Bewegungsfreiheit und damit kaum eine Chance, systematisch zu suchen.

Grundsätzlich gilt bei der Sucharbeit in größeren Gebäuden, dass man sich zuerst einen ganz bestimmten Bereich vornehmen wird, in dem gearbeitet wird. Im 2. Durchgang wird man dann einen anderen Bereich dazu nehmen, der idealerweise hinter dem ersten liegt, sodass der Hund auf dem Weg dorthin die Restwitterung durchlaufen muss und sich nicht davon ablenken lassen darf. So erreicht man automatisch eine Steigerung des Schwierigkeitsgrads.

Allerdings müssen Hundeführer und Ausbilder immer sehr genau aufpassen, um den Hund nasenmäßig keinesfalls zu überfordern. Sucht ein Hund nämlich vergeblich eine Zeit lang in einem bestimmten Bereich, werden seine gelaufenen Kreise mit zunehmender Erschöpfung und Frustration immer kleiner und er hat somit immer weniger Chancen, doch noch das „Loch" zu finden, aus dem die Witterung herauskommt. Die Verstecke müssen also mit Bedacht gewählt werden und man sollte lieber eine etwas zu einfache Aufgabe stellen als eine zu schwierige, damit der Hundeführer und natürlich der Hund bei dieser anspruchsvollen Arbeit möglichst immer mit einem Erfolgserlebnis nach Hause gehen.

Mantrailing

Im Gegensatz zum Flächen- oder Trümmersuchhund, der dazu ausgebildet ist, jeglichen menschlichen Geruch aufzufinden und anzuzeigen, verfolgt der Mantrailer den individuellen Geruch einer ganz bestimmten Person. Er wird daher auch „Personenspürhund" genannt. Diese Art der Personensuche mit Hunden wird in den USA schon seit mehr als hundert Jahren praktiziert und dort sowohl zur Vermisstensuche als auch als Hilfsmittel bei polizeilichen Ermittlungen wie nach einem Raubüberfall eingesetzt.

Damit der Hund weiß, welche Person er genau suchen soll, benötigt er eine „Geruchsvorlage" der zu suchenden Person wie zum Beispiel ein getragenes Kleidungsstück. Anhand dieses Musters kann er dann die Spur der Person aufnehmen und verfolgen. Da die Trails oft mehrere Kilometer lang sind und sowohl durch bebautes Gebiet als auch durch freies Gelände oder Wald führen können, wird der Hund während der Suche an einer mehrere Meter langen Leine geführt.

Beim Mantrailing soll der Hund eine bestimmte Person auffinden und anzeigen.

Der Unterschied zwischen Fährte und Trail

Die Arbeitsweise des Mantrailing-Hundes unterscheidet sich grundlegend von der klassischen Fährtenarbeit, die wir vom Hundesport her kennen. Beim Fährten wird der Hund dazu ausgebildet, nach der sogenannten Bodenverletzung zu suchen. Wenn eine Person sich zu Fuß auf gewachsenem Untergrund fortbewegt, werden im Bereich der Fußtritte durch die Verdichtung des Bodens bestimmte

Abbauprozesse in Gang gesetzt. Die spezifischen Bakterien, die hierbei aktiv sind, machen den Geruchsunterschied zur unmittelbaren Umgebung aus und ermöglichen dem Hund, die Fährte Tritt für Tritt zu verfolgen.

Beim Sportfährten ist diese exakte Ausarbeitung der Fährte mit tiefer Nase gewünscht und notwendig, da der Hund bei der Prüfung mehrere auf der Fährte ausgelegte Gegenstände auffinden und verweisen soll. Dass sich die individuelle Geruchsspur des Fährtenlegers, die naturgemäß beim Fährtenlegen entsteht, oft nicht genau auf der Fährte befindet, sondern je nach Umgebungsbedingungen und Zeit bis zu viele Meter davon abweichen kann, soll vom Fährtenhund außer Acht gelassen werden.

Beim Mantrailing ist das zu suchende Geruchsbild oft wesentlich komplexer, da ein Trail sich nicht nur über gewachsenen Untergrund bewegt, sondern oft genug auch auf befestigten Wegen oder auf Asphalt. Hier gibt es keine Bodenverletzung und außerdem werden die Geruchspartikel der Versteckperson durch Luftbewegungen häufig weit von der eigentlichen Spur weggetragen. Es kann also ohne Weiteres passieren, dass der Mantrailing-Hund auf der anderen Straßenseite arbeitet, als die Person tatsächlich gegangen ist, dass er einen großen Parkplatz auf der anderen Seite überquert oder dass er auch mal ein Stück weit eine Parallelstrecke zum eigentlichen Trail verfolgt und am Ende trotzdem zum Ziel kommt. Natürlich kann ein Mantrailer auch nach der Bodenverletzung gehen, wenn der Untergrund dies hergibt, aber von seiner Ausbildung her braucht er es nicht. Vermutlich ist es mehr eine hilfreiche „Zusatzinformation" für ihn.

Der Trail verläuft auch häufig auf befestigten Untergründen, was das Auffinden der Geruchspartikel erschwert.

Die Eignung des Hundes zum Mantrailer

Aufgrund der vielfältigen Einsatzgebiete eines Mantrailing-Teams ergeben sich besondere Anforderungen an die Veranlagung des Hundes. Grundsätzlich kann jeder Hund aufgrund seiner Eigenschaft als „Nasentier" Mantrailing lernen. Allerdings muss hier ganz klar zwischen der reinen Spaßbeschäftigung und der ernsthaften Einsatzarbeit unterschieden werden. Im Realeinsatz muss der Hund in der Lage sein, sich auch über längere Strecken auf einen einzigen, ganz bestimmten Geruch zu konzentrieren. Die Geruchsspuren können mehrere Kilometer lang und mehrere Tage alt sein (mehr dazu später). Im Zeitraum zwischen dem Verschwinden der Person, also der Zeit, in der die Spur entstanden ist, und dem Einsatz des Mantrailers haben sich außerdem viele andere Gerüche über die Spur gelegt: Wildtiere, fremde Personen, Katzen, fremde Hunde, Autos – sie alle haben ihre „Duftmarken" hinterlassen und machen es damit für den Mantrailing-Hund schwierig, „seinen" Geruch im Fokus zu behalten.

Rein von der Nasenleistung her könnte dies sicher jedem Hund beigebracht werden. Aber die Fähigkeit, alle Umweltreize auszublenden und unbeirrt weiter am Geruch zu arbeiten, erfordert einen Hund, der diese Eigenschaft von Natur aus mitbringt und der von sich aus unbedingt Spuren suchen will.

Möchte man also einsatzmäßig Mantrailing betreiben, wird man demnach eine Rasse auswählen, die schon seit langer Zeit gezielt auf diese Fähigkeit hin gezüchtet wurde. Der „klassische" Mantrailing-Hund ist daher der Bloodhound (vergleiche auch Seite 40 f.). Hunde dieser Rasse werden in den USA seit jeher beim Mantrailing eingesetzt. Ursprünglich wurde dieser sehr alte Hundetyp zur Meutejagd und auch zur Schweißarbeit verwendet. Daher erklärt sich die genetische Disposition zum ausdauernden Verfolgen einer Geruchsspur – und sei sie noch so schwach. Auch andere Jagdhunderassen, besonders Rassen der FCI-Gruppe 7 (Lauf- und Schweißhunde), erfüllen diese Kriterien und mögen daher auf den ersten Blick ebenso geeignet fürs Mantrailing erscheinen wie der Bloodhound, ohne dabei jedoch seine Größe, seinen Appetit und seinen Hang zum Sabbern mitzubringen. Hier muss allerdings klar gesagt werden, dass diese Rassen nach wie vor praktisch ausschließlich für den jagdlichen Einsatz verwendet werden und – je nach Herkunftsland und je nach Zuchtziel – in der Zucht entsprechend stark auf gute jagdliche Eignung geachtet wird.

Für den Rettungshundeführer, der einen Hund fürs Mantrailing sucht, bedeutet dies nichts anderes, als dass er sich mit einem solchen Hund einen jagdlich hochmotivierten Spezialisten ins Haus holt, der in aller Regel nur eins will: jagen, und zwar weiträumig und ausdauernd. Menschenfährten finden solche Hunde meist „ganz nett", aber auch bei solider Ausbildung zeigt es sich oft,

Ob ein Hund ein guter Mantrailer wird, ist nicht unbedingt von der Rassenzugehörigkeit abhängig.

dass die Hunde auf dem Trail nicht zuverlässig arbeiten, wenn die Ablenkung durch Wildgerüche zu stark ist. Für den Realeinsatz ist so ein Hund dann schlicht unbrauchbar.

Natürlich können auch Hunde anderer Rassen und deren Mischlinge zum einsatzfähigen Mantrailer ausgebildet werden. So gibt es zum Beispiel Retriever, Schäferhunde und Border Collies, die in diesem Bereich gute Arbeit leisten. Allerdings gehört schon etwas Glück dazu, um unter diesen Rassen denjenigen Hund zu finden, der die genannten Voraussetzungen erfüllt. Und man muss sich darauf einstellen, unter Umständen deutlich mehr Zeit und Mühe in die Ausbildung zu investieren als mit einem Hund, der als intrinsisch motivierter Sucher die Passion bereits von Haus aus mitbringt.

HOHE REIZSCHWELLE

Egal ob Rassehund oder Mischling: Der Hund muss auf jeden Fall eine enorm hohe Reizschwelle und eine unerschütterliche Umweltsicherheit aufweisen, um als Mantrailer im Realeinsatz bestehen zu können. Die entsprechende genetische Veranlagung dazu muss der Hundeführer vor allem in der Welpenzeit unbedingt festigen und ausbauen, indem er den Hund im Rahmen des Sozialisationsprogramms mit allen möglichen Eventualitäten der belebten und unbelebten Umwelt vertraut macht.

Der Geruchsartikel

Der Gegenstand, an dem der Hund anriecht, um den individuellen Geruch der zu suchenden Person aufzunehmen, wird meist Geruchsartikel, aber auch Duftgegenstand, Schnüffelstück usw. genannt. Hierzu können verschiedenste Gegenstände verwendet werden, die den Geruch der vermissten Person tragen. Das heißt, dass die Person den Gegenstand in irgendeiner Weise berührt hat, sodass ihre Hautschuppen an dem Gegenstand haften geblieben sind. Dieses Anhaften funktioniert naturgemäß bei rauen Oberflächen wie einem Kleidungsstück besser als bei glatten Oberflächen wie einem Kugelschreiber oder einem Feuerzeug.

Da man im Einsatz in der Regel nicht viel Auswahl an Geruchsartikeln hat, muss bei der Ausbildung darauf geachtet werden, den Hund mit möglichst vielen verschiedenen Geruchsartikeln vertraut zu machen. In der Regel hat ein Hund mit etwas Erfahrung kein Problem damit, auch von einem weniger „bedufteten" Gegenstand den Geruch aufzunehmen. Zu Beginn des Trainings wird man natürlich Gegenstände verwenden, die viel Geruch an sich haben. Dazu eignen sich vor allem große Textilien wie T-Shirts, Jacken, Kopfkissenbezüge, Handtücher usw.

Anfangs ist es wichtig, darauf zu achten, dass die Gegenstände nicht mit dem Geruch anderer Personen „kontaminiert" (verunreinigt) sind, sondern möglichst nur den Eigengeruch der zu suchenden Person tragen. Dies kann dadurch unterstützt werden, dass man Kleidungsstücke „auf links" dreht, sodass der Hund an der Innenseite, die direkt auf der Haut getragen wurde, anriechen kann.

Später kann man auch andere Gegenstände ins Spiel bringen, die kleiner sind, den Geruch nicht so gut annehmen oder von der Person nur einmal kurz

Ein paar Beispiele für mögliche Geruchsartikel.

berührt wurden, wie ein Kaffeelöffel oder ein Bonbonpapier. Es empfiehlt sich, im Rahmen eines Ausbildungstagebuchs unter anderem die verwendeten Geruchsgegenstände aufzulisten, um zu vermeiden, dass gewohnheitsmäßig immer dieselben Gegenstände verwendet werden.

Geruch von festen Gegenständen

Im Einsatz ist es nicht immer möglich, an einen „tragbaren" Geruchsartikel zu kommen. Daher muss der Hund daran gewöhnt werden, den Geruch auch von festen Gegenständen oder Orten aufzunehmen, wie zum Beispiel von einem Autositz oder einer Türklinke. Dies funktioniert am besten, wenn man von Anfang an ein bestimmtes Signalwort zum Anriechen benutzt, wie „check" oder „riech". Jedes Mal, wenn der Hund den Geruchsartikel präsentiert bekommt, sagt der Hundeführer sein Signalwort. So verknüpft der Hund das Wort mit dem Anriechen. Bei einem „festen" Geruchsgegenstand zeigt der Hundeführer einfach auf diesen und sagt sein Signalwort.

Das Anriechen kann auch an festen Gegenständen oder Orten – wir hier auf einem Kinderspielplatz – erfolgen.

Kontaminierte Geruchsartikel

Mit fortgeschrittener Ausbildung muss der Hund auch lernen, mit „kontaminierten" Geruchsartikeln zu arbeiten. Hierunter versteht man, dass der Gegenstand außer vom Hundeführer auch von anderen Personen berührt wurde. Dies ist unbedingt nötig, da im Einsatz nur sehr selten völlig unkontaminierte Gegenstände zur Verfügung stehen. Die vermissten Personen leben meist in irgendeiner Form mit anderen Menschen zusammen, seien es Angehörige der Familie, der Wohngruppe oder Pflegepersonal. Es lässt sich kaum vermeiden, dass der Geruch dieser anderen Menschen auch an den persönlichen Gegenständen des Vermissten haftet. Kleidungsstücke werden im gemeinsamen Wäschekorb gelagert, Kämme und Haarbürsten werden gemeinsam benutzt, Zahnbürsten und Hausschuhe werden verwechselt, Bettbezüge werden vom Pflegepersonal angefasst ...

Strittig ist die Frage, ob der Hund den stärksten oder den frischesten Geruch an einem Gegenstand als Muster annimmt. Hat man zum Beispiel ein getragenes T-Shirt von einer vermissten Person, das aber zwischenzeitlich von einer anderen Person angefasst wurde (zum Beispiel beim Aufräumen), kann man nie ganz sicher sein, welche Person der Hund jetzt gerade trailt.

Da diese Personen aus dem Umfeld der vermissten Person auch oft an der Suche beteiligt sind, befinden sich häufig frische Spuren dieser Menschen im Suchgebiet, sodass es für den Hund unklar sein kann, wen er denn nun genau suchen soll. Daher müssen diese Personen, deren Geruch am Gegenstand haftet, unbedingt am Start anwesend sein, damit der Hund sie ausschließen kann.

Anriechen

Wenn es irgend möglich ist, sollte der Geruchsartikel so verpackt werden, dass er möglichst wenig durch weitere Fremdgerüche kontaminiert werden kann. Dafür eignen sich Plastiktüten. Ideal sind Ziploc-Beutel oder auch normale Gefrierbeutel, die durch Umklappen oder mit einer Klammer verschlossen werden. Die Gewöhnung des Hundes an die Geruchsaufnahme aus der Tüte ist in aller Regel unproblematisch. Allerdings halte ich nichts davon, dem Hund die geöffnete Tüte komplett über die Nase zu stülpen. So gut wie alle Hunde zeigen bei dieser Prozedur Meideverhalten.

Beim Anriechen aus einer Tüte kann der Hund so viel Geruch aufnehmen, wie er möchte.

Der Hund kann sehr gut selbst entscheiden, wie intensiv er am Geruchsartikel anriechen muss, um die Spur verfolgen zu können! Hält man sich vor Augen, dass wir nicht genau wissen, wie der Hund den Geruchsgegenstand wahrnimmt – vielleicht findet er den Geruch getragener Socken ja genauso unangenehm wie wir Menschen –, empfiehlt sich folgende Vorgehensweise: Der Gegenstand wird durch die Tüte hindurch festgehalten und die Tüte wird mit der anderen Hand vom oberen Rand her „heruntergekrempelt“, sodass der Gegenstand frei liegt. Dann kann man den Gegenstand in die Nähe der Hundenase halten und der Hund kann so viel Geruch aufnehmen, wie er möchte.

Es versteht sich von selbst, dass im Umgang mit dem Geruchsartikel äußerste Sorgfalt geboten ist, um möglichst wenig Fremdgerüche daran gelangen zu lassen. Häufig scheitert der Erfolg eines Einsatzes daran, dass kein brauchbarer Geruchsartikel zu bekommen ist oder die „geruchliche Qualität“ des Gegenstandes nicht ausreicht, um dem Hund eine vernünftige Arbeit zu ermöglichen.

Da der Hundeführer im Einsatz für die Leistung seines Hundes verantwortlich ist und er der Einsatzleitung diesbezüglich Rede und Antwort stehen muss, gehört es in der seriösen Arbeit selbstverständlich dazu, dass der Hundeführer seinen Geruchsartikel selbst auswählt und eintütet. Nur so kann er die Brauchbarkeit des Gegenstandes für die Arbeit beurteilen und eine ungefähre Aussage über den Erfolg des Einsatzes treffen sowie das tatsächliche Ergebnis realistisch beurteilen. Wird der Geruchsartikel von Dritten, wie Angehörigen des Vermissten oder Polizeibeamten, bereitgestellt, fehlen dem Hundeführer wichtige Informationen, die auch durch Nachfragen nicht immer zufriedenstellend gegeben werden können. Ein schlechtes Suchergebnis hingegen fällt immer auf das Team zurück. Kommt dies öfter vor, wird auf Dauer der Ruf aller Mantrailer geschädigt.

Der Trailstart

Vor dem eigentlichen Ansetzen des Hundes sollte dieser Gelegenheit bekommen, sich im Gebiet um den Startpunkt zu orientieren und zu akklimatisieren. Dazu holen die meisten Hundeführer ihren Hund aus dem Auto und lassen ihn vor dem Anlegen des Suchgeschirrs für ein paar Minuten an langer Leine herumschnüffeln. Manche beschreiben dabei einen mehr oder weniger großen Kreis rund um den Startpunkt. Das hat den Sinn, dass der Hund sich mit allen Gerüchen, die sich im Startgebiet befinden, vertraut machen kann. Wird ihm dann später beim Anschirren der zu suchende Geruch aus der Tüte präsentiert, wird er sich im Idealfall wieder daran erinnern, wo im Startgebiet er diesen Geruch schon einmal wahrgenommen hat und sich in diese Richtung orientieren. Dies liefert dem Hundeführer wichtige Informationen darüber, in welche Richtung die gesuchte Person gegangen sein könnte.

Der Hund wird vor dem Start mit der Umgebung vertraut gemacht.

Der zweite Grund für ein lockeres Herumführen des Hundes vor dem Start besteht darin, dass er hier Gelegenheit hat, alle Dinge, die ihn „privat" interessieren, zu erledigen, wie zum Beispiel Gerüche von anderen Hunden im Gebiet aufzunehmen oder auch sich zu lösen. Ist der Hund einmal im Geschirr, muss er sich voll auf die Suche konzentrieren und andere Gerüche ignorieren – und mögen sie noch so verlockend sein. Dies fällt ihm als „Nasentier" leichter, wenn man ihm vor dem Start die Möglichkeit gibt, seine natürlichen Bedürfnisse zu befriedigen.

Natürlich muss der Mantrailing-Hund mit den verschiedensten Startsituationen vertraut gemacht werden. Hier ist wieder die Fantasie des Ausbilders gefragt, sich möglichst unterschiedliche Szenarien auszudenken und das Team damit zu konfrontieren. Ein Startpunkt kann in einer ruhigen Wohnstraße sein, wo zwar wenige Autos fahren, dafür aber oft viele Hunde und vor allem Katzen unterwegs sind. Ein Start an einer stark befahrenen Kreuzung in der Innenstadt ist sicher etwas für Fortgeschrittene, kann aber im Realeinsatz durchaus vorkommen: Was, wenn die vermisste Person nachweislich hier aus dem Bus gestiegen und seither verschwunden ist? Häufige Abgangsorte in Realeinsätzen sind aber auch Alten- oder Wohnheime, Krankenhäuser oder Waldparkplätze, auf denen die vermisste Person ihr Auto geparkt hat. Möglich sind aber auch Industriegebiete, Brücken, Bahnhöfe, Parks, Wiesen und Felder, um nur einiges zu nennen.

Grundsätzlich gilt für die Ausbildung und für den Einsatz: Je offener das Gelände, je älter die Spur und je stärker der Wind, desto schwieriger wird es voraussichtlich für den Hund sein, den Beginn der Spur aufzufinden. Die Geruchspartikel haben unter den genannten Bedingungen viel mehr Möglichkeiten, sich vom eigentlichen Startpunkt weg überall zu verteilen, und bilden für den Hund so ein recht diffuses Bild, das er „entschlüsseln“ muss. Daher neigen manche Hunde am Start dazu, erst einmal in irgendeine Richtung loszumarschieren.

Um dies etwas einzugrenzen, empfiehlt es sich, den Hund vor dem Start in eine Richtung zu drehen, in welche die Person keinesfalls gegangen ist, also zum Beispiel in eine Ecke, vor eine Wand oder vor eine dichte Hecke. Der Hund muss sich dann sofort beim Start aktiv für eine Richtung entscheiden, in die er losgehen möchte. Hatte er zuvor Gelegenheit, sich mit den Gerüchen im Gebiet vertraut zu machen, wird er sich – bei entsprechender Ausbildung und Erfahrung – hoffentlich gleich in die richtige Richtung orientieren und dies dem Hundeführer durch deutliche Körpersprache anzeigen.

Natürlich wird man von einem jungen Hund nicht gleich einen Start von der Mitte eines großen Parkplatzes verlangen. Bis der Hund wirklich verstanden hat, was er beim Trailen tun soll, sollten die Startsituationen daher möglichst einfach gestaltet werden. Hier bieten sich ruhige Gebiete ohne viel Publikums- und Straßenverkehr an, wie ein Schulgelände am Wochenende oder eine ruhige Wohnstraße an einem Vormittag unter der Woche.

Dieser Hund zeigt deutlich an, in welche Richtung er gleich starten wird.

Manchmal ist es nicht ganz eindeutig, von welchem Punkt die gesuchte Person nun genau weggegangen ist, oder verschiedene Angaben widersprechen sich. Daher muss der Hund daran gewöhnt werden, sich den Anfang der Spur selbst zu suchen. Zur Ausbildung eignet sich hierfür eine T-Kreuzung.

Die Versteckperson geht auf der Straße, die den Querbalken des T bildet, und versteckt sich in einem gewissen Abstand von der Kreuzung, natürlich außer Sicht für den Hund. Der Hund wird in der Straße, die den

Damit der Hund lernt, sich für eine Richtung zu entscheiden, bietet sich die Übung an einer T-Kreuzung an.

senkrechten Längsbalken bildet, in einem gewissen Abstand von der Kreuzung angesetzt. Hierbei muss unbedingt darauf geachtet werden, dass das Hundeteam den Wind im Rücken hat, sodass der Hund wirklich erst dann Witterung bekommen kann, wenn er sich im Kreuzungsbereich befindet. Dann sollte er deutlich zeigen, dass er den Trail gefunden hat und diesen verfolgen. Außerdem dürfen bei dieser Übung natürlich keine alten Spuren von der gesuchten Person in der Gegend sein, um den Hund nicht zu verwirren. Es muss sichergestellt werden, dass die Versteckperson sich mindestens vier Wochen lang nicht in dem Gelände aufgehalten hat.

Auf der Spur

Ist der Hund erst einmal gestartet, hat er also den Trail sicher aufgenommen, kommt es darauf an, ihn möglichst genau zu „lesen“. Während der Arbeit liefert der Hund mittels seiner Körpersprache ständig Informationen an den Hundeführer. Der Hundeführer muss diese Informationen aufnehmen und speichern, um sich ein Bild vom tatsächlichen Trailverlauf machen zu können. Je nach Alter der Spur und je nach Umweltbedingungen ist dies mehr oder weniger schwierig.

An der Körpersprache des Hundes kann man deutlich sehen, dass der Trail nicht in diese Richtung führt.

Jeder Hund hat seine ganz eigene, individuelle Körpersprache. Manche Hunde sind „einfach zu lesen", bei manchen ist das schon sehr viel schwieriger. Vor allem unerfahrene Hundeführer tun sich anfangs oft schwer mit der Fülle der Aufgaben auf dem Trail. Man muss die Ausrüstung tragen, die Leine führen, auf den Verkehr achten und dann soll man auch noch auf den Hund schauen!?

VIDEO IST HILFREICH

Ideal ist es, wenn man die Möglichkeit hat, seine Trails auf Video aufzuzeichnen. Das ist natürlich nicht immer machbar, da man in der Regel eine zusätzliche Person benötigt, die mit dem Team mitläuft und die Kamera führt. Da sich Mantrailing-Teams meist recht zügig bewegen, muss der „Filmer" mindestens so schnell sein wie der Hund und darf dabei noch möglichst wenig wackeln, damit auf dem Film überhaupt etwas zu erkennen ist. Wenn die Umgebung es erlaubt, kann sich die Person, die die Kamera hat, zum Beispiel auf Inline-Skates fortbewegen. Alternativ gibt es auch Helmkameras für den Hundeführer. Sie können auf einem Fahrradhelm befestigt werden und liefern zum Teil recht brauchbare Ergebnisse. Allerdings ist auf diesen Aufzeichnungen naturgemäß ausschließlich der Hund zu sehen, und zwar von hinten. Trotzdem kann dieses Mittel viel helfen, die Körpersprache seines Hundes besser zu verstehen.

Hier ist natürlich wieder der erfahrene Ausbilder gefragt, der darauf achtet, anfangs ganz einfache Trails zu legen, sodass Hundeführer und Hund Zeit haben, sich aufeinander einzustellen. Hilfreich ist es, wenn der Ausbilder mit dem Team mitgeht und dem Hundeführer dabei „laufend“ Hinweise gibt, wenn der Hund zum Beispiel deutlich anzeigt, wo er keinen Geruch mehr hat. Dann muss der Hundeführer entsprechend reagieren und sich beispielsweise mit dem Hund ein Stück zurückbewegen, damit dieser die Möglichkeit bekommt, den Trail wieder aufzunehmen.

Die „Gretchenfrage“

Wie weit sollte der Hundeführer dem Hund denn nun gestatten, sich vom eigentlichen Trail zu entfernen? Was ist „erlaubt“ und wo beginnt der „Geistertrail“? Die Antwort lautet ganz einfach: Es kommt darauf an.

Manche Hunde suchen von Natur aus sehr **spurtreu**, das heißt, sie verfolgen wirklich ganz genau den Weg, den die Person gegangen ist, und weichen nicht einmal einen halben Meter davon ab. Vor allem bei Bloodhounds kann man dieses Verhalten ab und zu beobachten. Sie kleben buchstäblich mit der Nase am Boden, ohne einmal nach links oder rechts zu sehen, und sind dann völlig überrascht, wenn sie am Ende der Spur plötzlich ein Paar Füße vor sich haben, das zur gesuchten Person gehört.

Dann wiederum gibt es Hunde, die manchmal als **Kanten-** oder **Randläufer** bezeichnet werden. Sie entfernen sich oft sehr weit von der eigentlichen Spur, gehen wieder zurück, laufen ein Stück auf der Spur, verlassen die Spur wieder in eine andere Richtung usw. Auf den ersten Blick mag dies chaotisch wirken, aber Ausbilder und Hundeführer erklären dieses Verhalten in der Regel so, dass der Hund immer bis ganz zum äußeren Ende der Geruchsfahne geht. Dort stellt er fest, dass der Geruch an dieser Stelle aufhört und orientiert sich wieder zurück in Richtung Spur, wo der Geruch stärker ist.

Ob diese Theorie so stimmt, sei dahingestellt. Grundsätzlich gilt aber, dass der Hundeführer den Hund bei der Arbeit so wenig wie möglich stören sollte. Da die Geruchspartikel vor allem durch Luftbewegung teils sehr weit vom eigentlichen Trail entfernt liegen können, werden wir dem Hund nicht vorschreiben, wo er den Geruch zu suchen hat – das ist seine Sache und nicht unsere! Die Leine dient beim Trailen nur dazu, den Hund in ein Tempo zu bringen, in dem wir ihm zu Fuß folgen können. Außerdem ist sie notwendig, um den Hund notfalls stoppen zu können und ihn so vor Unfällen zu bewahren.

Arbeitet der Hund noch oder nicht?

Natürlich gibt es Grenzen des Akzeptablen. Allerdings halte ich es für schwierig, hier feste Regeln aufzustellen oder gar genaue Meterzahlen anzugeben, die der Hund sich vom Trail entfernen darf. Daher stelle ich in solchen Situationen immer gern die Gegen- bzw. Grundsatzfrage: Arbeitet der Hund noch oder nicht?

Ein geübter Hundeführer kann dies an der Körpersprache seines Hundes erkennen. Hat der Hund das tatsächliche Suchen eingestellt und trödelt nur noch durch die Gegend oder beschäftigt er sich mit allerlei Dingen nebenbei, kann man einigermaßen sicher sein, dass er den Trail verloren hat, und muss entsprechend eingreifen, wenn der Hund sich nicht von selbst korrigiert. Bei einem unerfahrenen Team und/oder einem schlecht „lesbaren" Hund muss der Ausbilder unter Umständen einen Hinweis geben. Auch hier kann eine Video-Aufzeichnung eine große Hilfe sein.

Ist der Hund aber augenscheinlich mit der Ausarbeitung des Trails beschäftigt bzw. zeigt er, dass er den Trail zwar verloren hat, sich aber gleichzeitig bemüht ihn wiederzufinden, sollte man dabei höchstens unterstützend eingreifen, indem man sich seinen Bewegungen so weit wie möglich anpasst, um ihn nicht bei der Arbeit zu stören.

Es kann durchaus vorkommen, dass ein Team von der Spur abbiegt bzw. eine Abzweigung überläuft und sich dann eine Zeit lang parallel zum eigentlichen Trail bewegt, wie auf der entgegengesetzten Seite eines großen Parkplatzes oder in einer Parallelstraße. Bei fortgeschrittenen Teams ist dies sogar manchmal an der Körpersprache des Hundes erkennbar. Dieses Verhalten ist nicht als fehlerhaft zu bewerten. Erinnern wir uns: Wir Menschen wissen nicht, was der Hund wo riecht. Solange das Team überzeugend arbeitet, sprich solange der Hund konzentriert sucht und der Hundeführer am Ende eine verwertbare Aussage über den Spurverlauf bzw. über den Aufenthaltsort der gesuchten Person treffen kann, ist das vollkommen in Ordnung.

Das Ende der Spur

Im Gegensatz zu den anderen Suchsparten kann beim Mantrailing auch dann von einer erfolgreichen Suche gesprochen werden, wenn die gesuchte Person nicht direkt durch das Hundeteam aufgefunden wird. Die Zahl der Fälle, bei denen dies tatsächlich geschieht, liegt wahrscheinlich im einstelligen Prozentbereich. Diese niedrige Zahl mag zunächst überraschen oder auch enttäuschen. Hält man sich jedoch vor Augen, dass es je nach Länge der Spur viele Möglichkeiten gibt, bei denen der Hund die Spur verlieren kann, oder dass er – bei entsprechend

SPUR VERLOREN

Praktisch alle Hunde zeigen in solchen Situationen eine deutliche Verhaltensänderung. Manche beginnen zu kreisen, laufen plötzlich im Zickzack oder suchen an Wegrändern, in Hausecken usw. nach dem Geruch. Manche rennen auch einfach mit starkem Leinenzug drauflos, in der Hoffnung, den Geruch ein Stück weiter vorne wieder zu finden. Diese „Verzweiflungstaten" müssen vom Hundeführer als solche erkannt werden und dürfen nicht mit der hohen Motivation des Hundes kurz vor dem Auffinden der Person verwechselt werden!

schlechter Qualität des Geruchsartikels – vielleicht gar keine vernünftige Suche durchführen kann, relativiert sich diese Tatsache doch schnell wieder.

Außerdem gibt es beim Mantrailing die Möglichkeit, dass das Such-Team zwar bis zum Ende der Spur gelangt, die gesuchte Person dort aber tatsächlich nicht anwesend ist. Es kommt vor, dass Personen in Busse, Züge oder Autos einsteigen und damit ist ihre Geruchsspur für den Hund – wenn überhaupt – nur noch extrem schwer wahrnehmbar.

Natürlich kann man davon ausgehen, dass auch aus einem Fahrzeug mit geschlossenen Fenstern, zum Beispiel durch die Klimaanlage, Geruchspartikel nach draußen dringen. Doch ist es meiner Erfahrung nach sehr fraglich, ob diese geringe Menge an Geruchsinformationen für den Suchhund ausreicht. Manche Hundeführer behaupten steif und fest, ihr Hund könne solche Trails problemlos verfolgen.

Vielleicht ist dies in Ausnahmefällen und unter günstigen Umständen tatsächlich ein Stück weit möglich, aber die Erfahrung der allermeisten Hundeführer und Ausbilder spricht eine ganz andere Sprache. Wichtig ist daher, dem Hund beizubringen, dass er dem Hundeführer anzeigen soll, wenn er die Spur verloren hat.

Im Training wird man die Trails in der Regel so gestalten, dass der Hund am Ende die Person findet und ein Erfolgserlebnis hat. Hier sind wieder Erfahrung und Fingerspitzengefühl des Ausbilders gefragt, der weiß, welche Auffindesituation für dieses Team vom Schwierigkeitsgrad her angemessen ist. Grundsätzlich gilt auch hier: Alles ist möglich!

Eine gesuchte Person kann sich beispielsweise auf einem offenen Platz befinden, in einem Gebüsch direkt am Wegesrand „unsichtbar" sein, in einem großen oder in einem kleinen Gebäude, mitten im Wald, in der Nähe anderer Personen (zum Beispiel in einem Straßencafé), sie kann zugedeckt sein, auf einer Parkbank sitzen, sich gehend oder kriechend fortbewegen, sie kann sich in einem Hochversteck (wie auf einem Dach oder einem Baum) befinden.

Türanzeige – hier endet die Spur.

Für die Nasenarbeit beim Auffinden gelten dieselben Regeln bzw. Gegebenheiten wie für die Flächensuche. Ebenso sollte man besonders beim Anfängerhund unbedingt darauf achten, dass die Person anfangs so versteckt ist, dass der Hund wirklich seine Nase einsetzen muss, um sie zu finden. Solange der Hund die geruchliche Verknüpfung „Geruchsartikel – Spur – Person" noch nicht zuverlässig hergestellt hat, läuft man sonst Gefahr, dass der Hund mehr mit den Augen unterwegs ist als mit der Nase und sich vor allem in belebter Umgebung begeistert auf alle möglichen anwesenden Personen stürzt, weil er sie für „seine" Versteckperson hält. Dieses Ratespiel hat mit Mantrailing natürlich nichts zu tun.

Verleitpersonen

Eine weitere besondere Auffindesituation beim Mantrailing ist das sogenannte Line-up. Es geht hierbei darum, aus einer Reihe von Personen, die in einem bestimmten Abstand zueinander stehen, die richtige herauszufinden. In manchen US-Staaten wird dieses Verfahren teilweise bei Ermittlungen in Kriminalfällen hinzugezogen und die Hundeführer werden als Zeugen vor Gericht geladen. Als Beweismittel ist das Line-up aber nicht unumstritten, da die Fehlerquote auch bei sauberer Ausbildung doch relativ hoch ist.

In der Vermisstensuche mit Rettungshunden, wie sie im deutschen Sprachraum in aller Regel von ehrenamtlichen Kräften geleistet wird, ist dieses Verfah-

Hier wird die vermisste Person in einer belebten Umgebung mit Verleitpersonen aufgefunden.

ren praktisch ohne Belang, und zwar deswegen, weil ja bei einem Vermisstenfall genau bekannt ist, welche Person gesucht wird. In aller Regel steht den Einsatzkräften eine genaue Personenbeschreibung und oft sogar ein Foto zur Verfügung, sodass die vermisste Person beim Auffinden meist problemlos identifiziert werden kann.

Trotzdem muss ein Mantrailing-Hund natürlich daran gewöhnt werden, dass sich in der Nähe der von ihm gesuchten Person auch noch andere Menschen aufhalten können. Hierbei sollte man anfangs darauf achten, dass der Abstand zu den „Verleitpersonen" mehrere Meter beträgt und unbedingt die Windverhältnisse berücksichtigen, sodass der Hund es leicht hat, „seine" Person herauszufinden. Später kann der Abstand verringert werden.

Ich erinnere mich an einen Übungs-Trail, der mich und meinen Hund quer durch ein vollbesetztes Fast-Food-Restaurant führte – bis in die hinterste Ecke, wo unsere Versteckperson am letzten Tisch saß und gemütlich einen Kaffee trank.

Geruchspools

Ein Geruchspool entsteht immer dann, wenn sich besonders viele Geruchspartikel einer Person an einer bestimmten Stelle „anhäufen". Dies kann zum Beispiel eintreten, wenn sich die Person längere Zeit an einem Ort aufgehalten hat, weil dann dort eben besonders viele ihrer Hautschuppen auf dem Boden liegen bzw. in der Luft herumfliegen und von den Bakterien zersetzt werden. Daher entstehen Pools sowohl bei der Flächen- wie auch bei der Trümmersuche. Sie verändern sich, wie oben bereits angeführt, im Laufe der Zeit und unter Einfluss bestimmter Umweltfaktoren. Sobald der Hund bei der freien Flächen- oder Trümmersuche in diese Pools hineingerät, wird er in irgendeiner Weise reagieren und versuchen, die genaue Geruchsquelle auszumachen und anzuzeigen.

Beim Mantrailing stellen Pools insofern eine besondere Herausforderung dar, als der Hund ja von Beginn der Suche an den Geruch der gesuchten Person in der Nase hat. Kleine Abweichungen von der Spur nach rechts und links liefern ihm ständig Informationen darüber, wo der gesuchte Geruch noch ist und wo nicht mehr.

Gerät ein Trailhund nun in einen Geruchspool, funktioniert dieses „Grenzgängertum" nicht mehr. Plötzlich befindet er sich in einer riesigen Wolke voller Geruch. Dazu kommt der – in diesem Fall unerwünschte – Effekt der Adaptation. Es ist etwa vergleichbar mit der Situation, in der ein Mensch einen Raum betritt, in dem es nach Kaffee riecht. Kommt man aus der frischen Luft nach drinnen, sticht einem der Kaffeeduft ganz deutlich in die Nase. Nach wenigen Atemzügen jedoch hat sich die Nase an diesen Reiz gewöhnt und man nimmt den Kaffeeduft nicht mehr bewusst wahr. Und genau dieses Problem hat der Mantrailing-Hund auch. Viele Hunde werden in dieser Situation hektisch, wirken hilflos und suchen verzweifelt nach einem „Ausgang“ aus der Geruchswolke.

DIE LÄNGE DER SPUR

Naturgemäß können Einsatztrails ganz unterschiedlich lang sein. Von wenigen Zehner Metern bis zu zweistelligen Kilometer-Distanzen ist alles möglich.

Zur Lösung des Problems muss man unterscheiden, in welchen Situationen sich Pools bilden können. Hat sich die Person während des Traillegens eine Weile an dieser Stelle aufgehalten und ist dann weitergegangen, gibt es naturgemäß einen „Ausgang“ und den gilt es zu finden. Der Hundeführer kann hier seinen Hund unterstützen, indem er ihn zum Beispiel gezielt an mögliche Stellen führt, an denen die Spur weitergehen könnte. Findet das Team aber beim besten Willen keinen „Ausgang“, liegt die Vermutung nahe, dass der Pool dadurch entstanden ist, dass der Trail hier endet und die Person sich tatsächlich aktuell ganz in der Nähe aufhält.

Das Verhalten des Hundes ist hier ganz klar eine Negativanzeige.

Die Negativanzeige

Es kann durchaus vorkommen, dass der Geruchsartikel, der im Einsatz zur Verfügung steht, so sehr mit Fremdgerüchen kontaminiert ist, dass der Hund den Geruch der gesuchten Person von diesem Gegenstand nicht aufnehmen kann. Er wird dem Hundeführer dies mitteilen, indem er typische Verhaltensweisen zeigt, die sich deutlich von seiner normalen Körpersprache beim Suchen unterscheiden.

Ähnlich wie am Ende einer Spur, wenn die Person in ein Fahrzeug gestiegen ist, wird er versuchen, den Geruch irgendwo in der Gegend zu lokalisieren. Er wird vermutlich kreisen, Ecken und Kanten absuchen oder auch mit starkem Leinenzug kreuz und quer durch das Gelände laufen. Dieses sogenannte Negativ kann auch vorkommen, wenn der Geruchsartikel zwar qualitativ gut ist, das Team sich aber an der falschen Stelle befindet, die gesuchte Person also gar nicht an diesem Ort war. Zeugen können sich irren und im Realeinsatz beruht die Auswahl des Startpunktes manches Mal auf Vermutungen, die sich im Nachhinein als falsch herausstellen können.

Um „Geistertrails“ zu vermeiden, ist es daher sinnvoll, dem Hund für die Negativanzeige ein bestimmtes Verhalten beizubringen, das er immer dann zeigt, wenn er entweder keine zum Geruchsartikel passende Spur findet oder wenn die Spur, die er bislang verfolgt hat, an einer bestimmten Stelle endet.

Der Zeitfaktor

Als Grundregel gilt: Je älter die Spur, desto mehr werden die Geruchspartikel von äußeren Einflüssen wie Wind, Temperatur und Luftfeuchtigkeit verändert und auch weggetragen. Desto schwieriger ist es folglich für den Hund, die Spur aufzunehmen und zu verfolgen. Trotzdem ist es immer wieder faszinierend zu sehen, mit welcher Leichtigkeit ein Mantrailing-Hund mit sauberer Grundausbildung Spuren sucht, die bis zu mehrere Tage alt sind.

Zur besseren Veranschaulichung, wie sich das Geruchsbild des Trails mit der Zeit verändert, kann man sich etwa einen Fotoabzug vorstellen, der im Laufe der Jahre verblasst. Manche Farben treten stärker hervor, manche verschwinden fast ganz. Das Motiv jedoch ist immer noch zu erkennen.

Wenn man einen Hund in der Ausbildung mit älteren Spuren konfrontiert, muss man auch immer daran denken, dass sich im Realeinsatz meist mehrere Spuren der vermissten Person im Gebiet befinden. Häufig verschwinden Personen von Orten, an denen sie sich vorher längere Zeit aufgehalten haben, wie ein Wohnhaus oder ein Altenheim. Der Hund hat nun die Aufgabe, aus diesem Geruchs-Wirrwarr die frischeste Spur, nämlich die „Verschwindespur“, herauszufinden und diese zu verfolgen. Das gelingt nicht immer auf Anhieb und oft genug verfolgen auch erfahrene Teams im Einsatz ältere Spuren der gesuchten Person, die meist irgendwann wieder zum Ausgangspunkt zurückführen.

Am einfachsten ist es daher, von Anfang an den Hund an verschieden alte Spuren im Suchgebiet zu gewöhnen, indem man beim Spurenlegen ständig alte Spuren überquert und die Übungen absichtlich am Wohnort der Versteckperson durchführt. So lernt der Hund quasi automatisch, dass er aus allen vorhandenen Gerüchen derselben Person immer die frischeste Spur heraussuchen und verfolgen soll, und man muss es ihm später nicht extra antrainieren.

Einfluss der Atmosphäre

Natürlich ist das „Geruchsbild“, das der Hund auf dem Trail vorfindet, sehr stark von den Umgebungsbedingungen abhängig. Besonders der Zustand der Atmosphäre beeinflusst die Entwicklung und Verteilung des Geruchs und ungünstige Witterungsbedingungen können die Suche stark erschweren bzw. sogar unmöglich machen.

Wind

„Der Wind ist der schlimmste Feind des Mantrailers“, sagte einmal ein Ausbilder zu mir. Manch ein Hundeführer mag das Wort Wind zwar durch andere Begriffe wie „Katzen“ oder Ähnliches ersetzen wollen, aber natürlich ist die Verteilung der Geruchspartikel durch den Wind ein Faktor, den es bei der Ausbildung zu berücksichtigen gilt. Zwar ist der Geruch immer noch vorhanden, aber eben unter Umständen relativ weit von der eigentlichen Spur entfernt. Manche Hunde zeigen dies deutlich an und der Hundeführer kann daraus seine Schlüsse ziehen.

Bei einem Trail an einer stark befahrenen Straße kann der Geruch durch die Luftverwirbelungen an den Straßenrand geweht werden.

Beispielsweise kommt es häufig vor, dass bei Trails, die an befahrenen Straßen entlangführen, der Geruch durch die von den Autos erzeugten Luftwirbel an den Straßenrand geweht wird und sich dort „fängt". Daher suchen Hunde in solchen Situationen meist an der Straßenbegrenzung entlang, vor allem wenn die Trails etwas älter sind. Besonders deutlich ist dies in bebauten Gebieten zu beobachten, wenn der Hund sich dann parallel zur Straße an den Hauswänden entlangarbeitet und zum Teil auch die Hauseingänge überprüft.

Es ist schwer zu sagen, bei welcher Windstärke Mantrailing-Hunde überhaupt nicht mehr arbeiten können, da die Verteilung des Geruchs natürlich auch von der Umgebung abhängt (siehe Seite 123 ff.). Die Erfahrung zeigt jedoch, dass Hunde mit starkem Wind oft besser zurechtkommen, als wir Menschen das uns vorher gedacht haben. Natürlich wird man bei einem Orkan – schon allein wegen der eigenen Sicherheit – lieber im Haus bleiben.

Temperatur

Wichtig ist es auf jeden Fall, auch den jungen Hund gleich in der Ausbildung an möglichst unterschiedliche Wetterlagen zu gewöhnen. Dazu gehört auch die Arbeit bei warmen und kalten Temperaturen. Grundsätzlich arbeiten die Bakterien, die den menschlichen Geruch verursachen, bei hohen Temperaturen (etwa 41 °C) am stärksten. Dies bedeutet, dass das Geruchsbild bei Hitze sehr schnell „verblüht" bzw. wörtlich „verbrannt" ist. Daher sind für die Suche kühlere Temperaturen besser geeignet, zumal sowohl Hund als auch Hundeführer dann nicht so rasch ermüden.

Bei der Arbeit bei großer Hitze sollte auch berücksichtigt werden, dass sich der Boden, besonders wenn er aus Asphalt besteht, extrem aufheizt und es für den Hund dann sehr unangenehm bzw. schmerzhaft sein kann, darauf zu laufen – schließlich ist er barfuß unterwegs! In den Sommermonaten empfiehlt es sich daher, das Training früh morgens und spät abends anzusetzen. Auch bei realen Einsätzen ist es im Sommer durchaus üblich, die Suche auf die Nachtstunden zu verlegen, sofern es möglich ist. Besonders in bewohnten Gebieten wird das Such-Team dann außerdem weniger durch Passanten und Fahrzeugverkehr gestört.

Auch in der anderen Richtung der Skala kann ein Suchhund mit extremen Temperaturen konfrontiert werden. Ich erinnere mich an eine Übungssuche an einem klirrend kalten Januarmorgen. Der Startpunkt befand sich in einem schattigen Tal im Nordschwarzwald. Das Armaturenbrett meines Autos zeigte beim Abstellen eine Außentemperatur von -16 °C. In der Nacht war es dort noch deutlich kälter gewesen. Ich beschloss, einen Versuch zu wagen und den Hund trotzdem anzusetzen.

Der Hund startete hochmotiviert und verfolgte die Spur den Berg hinauf, auf der Höhe entlang durch einen Wald und wieder hinunter in die Ortschaft. Dort

Auch unter winterlichen Bedingungen wird das Finden einer Spur für den Hund erschwert.

ergab sich das erste echte Problem, als wir an eine Kreuzung kamen, die zu diesem Zeitpunkt seit etwa einer Stunde von der Sonne beschienen wurde und die stark mit Auftausalz bestreut worden war. Der Hund blieb an einer Mauer, welche die Kreuzung begrenzte und ebenfalls in der Sonne lag, quasi „hängen".

Offenbar stieg der Geruch vom Boden an dieser Mauer hoch und im Kreuzungsbereich selbst fanden sich für den Hund praktisch keine Hinweise auf den weiteren Verlauf der Spur. Ich musste den Hund ein ganzes Stück über die Kreuzung hinausführen, damit er den Geruch wiederfinden und die Spur wieder aufnehmen konnte.

Abgesehen von dieser einen schwierigen Stelle hatte der Hund geruchlich keinerlei Probleme, diesen „tiefgefrorenen" Trail auszuarbeiten. Allerdings muss man auch hier zu bedenken geben, dass extreme Minustemperaturen die Hunde körperlich belasten – wie gesagt, sie gehen „barfuß" und sollte das Training entsprechend gestalten bzw. sich im Realeinsatzfall darauf einstellen, dass der Hund nur eingeschränkt belastbar ist.

Luftfeuchtigkeit

Eine hohe Luftfeuchtigkeit scheint sich grundsätzlich positiv auf die Arbeit der geruchsbildenden Bakterien auszuwirken. Natürlich spielt hier die Temperatur ebenfalls eine Rolle und bei schwülheißem Sommerwetter darf man beim

Suchtraining vom Hund – wie übrigens vom Menschen auch – keine körperlichen Höchstleistungen erwarten, zumal Hunde bekanntlich keinen Temperaturausgleich durch Schwitzen herbeiführen können. Kühles, nebliges Herbstwetter hingegen ist ideal für die Sucharbeit. Die Spuren scheinen sich bei diesen Wetterbedingungen besonders lange zu halten und für den Hund besonders gut wahrnehmbar zu sein.

Niederschlag

Auch mit dem Thema Niederschlag bzw. dessen Auswirkungen auf die Geruchsbildung und -verteilung sollte man sich ein wenig auskennen. Leichter Regen kann, wie im obigen Abschnitt erwähnt, die Aktivität der geruchsbildenden Bakterien begünstigen. Wird der Regen jedoch stärker und beginnt das Wasser auf der Erdoberfläche abzufließen, anstatt direkt zu versickern, muss man davon ausgehen, dass die Geruchspartikel zumindest zum Teil mit weggeschwemmt werden und somit in der Nähe des tatsächlichen Spurverlaufs nur noch sehr wenig Geruch zu finden ist. Nach einem starken Regenereignis suchen Trailhunde deswegen typischerweise am Straßenrand entlang und stecken ihre Nasen in die Gullys, wo sie offenbar noch am ehesten Reste des ursprünglichen Geruchs finden.

Bei einer älteren Spur muss also unbedingt klar sein, welches Wetter in der letzten Zeit im Suchgebiet geherrscht hat, damit der Hundeführer sich eventuell auf ein verändertes Suchmuster seines Hundes einstellen kann bzw. um die Chancen auf eine erfolgreiche Suche realistisch einschätzen zu können. Ist die gesuchte Person beispielsweise seit mehr als 24 Stunden verschwunden und hat es noch dazu im Suchgebiet in der Zwischenzeit stark geregnet, ist die Wahrscheinlichkeit auf ein vernünftiges Suchergebnis eher als gering einzuschätzen.

Bei starkem Schneefall ist Eile geboten, besonders wenn der Schnee liegen bleibt. Denn der Schnee deckt die Spur unter Umständen komplett zu und bei mehreren Zentimetern Schneehöhe wird die Trailsuche für den Hund schwierig bis unmöglich.

Ich hörte einmal von einem Fall, in dem eine Person ihr Auto auf einem einsamen Waldparkplatz abgestellt hatte und in Suizidabsicht in den Wald gelaufen war. Unmittelbar danach fielen in der Gegend 40 cm Neuschnee und der Parkplatz war für mehrere Wochen lang nicht zugänglich. Erst mit einsetzendem Tauwetter entdeckte man das Auto. Der Hund wurde angesetzt, nahm die Spur auf und verfolgte sie ein Stück in den Wald hinein, wo die vermisste Person tot aufgefunden wurde. Unter „normalen“ mitteleuropäischen Witterungsbedingungen wäre eine Trailsuche nach so langer Zeit nicht mehr möglich gewesen.

Die Umgebung

Natürlich spielt die Umgebung, in der das Mantrailing-Team arbeitet, für die Nasenarbeit ebenfalls eine Rolle. Grundsätzlich unterscheidet man „Stadt"-Trails von „Land"-Trails.

Stadt-Trails

Unter ersteren versteht man im Allgemeinen alle Trails, die auf befestigtem Untergrund liegen und sich in der Regel in bebautem Gebiet befinden. Dies können zum Beispiel Fußgängerzonen, aber auch Wohn- oder Industriegebiete sein. Auch einen kleineren Stadtpark oder ein Einkaufszentrum würde man hier einordnen. Die „nasenmäßigen" Herausforderungen für den Hund bestehen hier unter anderem in den Luftbewegungen, die sich oft zwischen Gebäuden ergeben und die nicht mit der allgemeinen Windrichtung übereinstimmen müssen.

Oben wurde bereits erwähnt, dass Hunde an befahrenen Straßen oft an einer nahe gelegenen Kante entlangsuchen (wie zum Beispiel einer Hauswand oder einer Hecke), weil der Geruch sich dort zu „fangen" scheint. Je nach Straßenbreite bzw. je nach Größe der offenen Flächen kann der Abstand zwischen dem arbeitenden Hund und der eigentlichen Spur mehrere zig Meter betragen.

Auch Hauseingänge und Seitenstraßen werden gern überprüft, indem der Hund dort kurz hineingeht und dann aber in der Regel sehr schnell feststellt, dass es dort nicht weitergeht. Er wird dem Hundeführer dies durch seine veränderte Körpersprache anzeigen, dann eventuell anhalten und umdrehen, um den Trail wieder aufzunehmen.

Wichtig ist, dass der Hundeführer den Hund bei solchen Arbeiten möglichst wenig stört, indem er zum Beispiel versucht, ihn mithilfe der Leine wieder auf den Trail zurückzubringen. Denken wir immer daran: Wir Menschen wissen nicht, was der Hund wo riecht und sollten ihm deswegen auch nicht vorschreiben, wo er den Trail zu suchen hat! Solange sich der Hund sichtbar im „Arbeitsmodus" befindet, sollte der Hundeführer ihm vertrauen.

Etwas anders stellt sich die Situation dar, wenn der Hund den Trail tatsächlich verloren hat und es aus eigener Kraft nicht schafft, ihn wiederzufinden. Dies kann zum Beispiel bei größeren Straßenkreuzungen der Fall sein, wenn die Geruchsspur durch den vorbeifahrenden Verkehr „abreißt" und die andere Straßenseite zu weit entfernt ist, als dass der Hund von dort selbstständig Geruch bekommen könnte. Der Hund wird dies anzeigen, indem er rechts und links der „Abrissstelle" erfolglos nach der Fortsetzung des Trails sucht.

Je nach Verkehrsdichte kann es zwar sein, dass der Geruch bis zu einigen hundert Metern seitlich weggetragen wurde, aber das Suchverhalten des erfahrenen Hundes wird auf diesen Strecken nicht sehr überzeugend sein. Wieder zurück an der „Abrissstelle“ wird der Hundeführer sich überlegen, was als Nächstes zu tun ist. Er wird den Hund kurz aus der Suche nehmen, ihn (eventuell am Halsband) auf die andere Seite der Kreuzung führen und ihn dort auffordern, die Suche wieder aufzunehmen, falls der Hund das nicht von sich aus tut. Findet der Hund an der neuen Stelle keinen Geruch, wird man ihn ein wenig herumführen, um ihm möglichst viele Chancen zu geben. Zeigt der Hund jedoch an, dass er hier wirklich keinen Geruch mehr finden kann, liegt der Schluss nahe, dass die Spur tatsächlich an der Abrissstelle endet, weil die gesuchte Person beispielsweise in ein Fahrzeug eingestiegen ist.

Außerdem können Hunde in bebauter Umgebung natürlich durch bestimmte Fremdgerüche abgelenkt werden, die ihnen die Suche erschweren. Vor allem in ruhigeren Wohngebieten befinden sich meist jede Menge Spuren von Hunden, die dort Gassi geführt werden, von Freigängerkatzen, von Kaninchen in Gartenausläufen usw. Für manchen Hund stellt dies ein großes Problem dar und die Sucharbeit in solchen Gebieten muss unbedingt speziell trainiert werden.

Im Wald sind die vielen Wildgerüche eine echte Herausforderung für den Mantrailer.

In städtischen Gebieten findet sich zwar in der Regel weniger Geruch von Haustieren, dafür aber mehr Ablenkung durch Müll und Essensreste, die oft auf dem Boden liegen und für Hunde natürlich eine große Versuchung sind. Außerdem kann die Nasenarbeit durch Autoabgase empfindlich gestört werden. Viele Hunde beginnen furchtbar zu niesen, sobald sie eine Abgaswolke in die Nase bekommen. Daher sollte man auch unbedingt darauf achten, die Trailsuche nicht in der Nähe von laufenden Motoren zu starten – bei realen Sucheinsätzen kommt es leider oft vor, dass die Einsatzleitung ihre Geräte inklusive Stromaggregat in unmittelbarer Nähe des Abgangsortes der gesuchten Person aufbaut. Das sollte nach Möglichkeit vermieden werden!

Land-Trails

Trails, die außerhalb geschlossener Ortschaften liegen, bieten ebenfalls eine Menge nasenmäßiger Herausforderungen. Hier sind natürlich in erster Linie Wildgerüche zu nennen, die sich übrigens auch in Gegenden finden können, wo man nicht unbedingt mit ihnen rechnet – Füchse, Dachse und Wildkaninchen, je nach Region sogar Wildschweine, fühlen sich mittlerweile auch in der Nähe menschlicher Behausungen heimisch. Je nach individueller Veranlagung des Hundes und je nach Motivationslage können diese Gerüche dazu führen, dass der Hund kurzzeitig vom Trail abweicht, um eine Wildfährte „anzutesten".

Grundsätzlich ist dagegen nichts einzuwenden, solange sich der Hund dabei nicht vom eigentlichen Trail entfernt und innerhalb von Sekundenbruchteilen wieder zu seiner Arbeit zurückkehrt. Problematisch wird es allerdings, wenn die Motivation durch Wildgerüche ernsthaft mit der Trailaufgabe konkurriert. Hier muss der Hund unbedingt entsprechend trainiert werden, die Wildfährten zu ignorieren – auch wenn sie ganz frisch und damit sehr aufregend für den Hund sind!

Es gibt auch Hunde, die bei allem Training nicht dazu zu bewegen sind, die verlockenden Wildfährten außer Acht zu lassen. Hier muss die grundsätzliche Eignung des Hundes als Mantrailer ernsthaft in Frage gestellt werden.

Natürlich kann sich ein Trail auch auf verschiedenen Untergründen befinden. Beispielsweise könnte eine Suche an einem Wohnhaus oder Altenheim in einer Ortschaft beginnen, über asphaltierte Straßen an den Ortsrand führen und sich dann über Feld- und Wiesenwege oder auch über freies Gelände oder quer durch den Wald fortsetzen. Umgekehrt erinnere ich mich an einen Realeinsatz, bei dem ein verletzter Autofahrer nach einem Unfall sein Fahrzeug einfach im Wald stehen gelassen hatte und zu Fuß in die nächste Ortschaft gegangen war. Auf einer solchen Spur hat es der Hund mit ganz unterschiedlichen Untergründen und mit ständigen Veränderungen der Witterungs- und Windbedingungen zu tun. In der Regel stellen diese Variationen für einen trainierten Hund keine allzu große Herausforderung dar, man muss sich nur eben bewusst sein, dass es vorkommen kann und was zu tun ist, falls der Hund zeigt, dass er doch Probleme hat.

Die Ausbildung zum Mantrailer

Wie auch in den anderen Sparten der Rettungshundearbeit muss man dem Hund das Riechen nicht extra beibringen – dazu ist er schließlich geboren! Es geht bei der Mantrailing-Ausbildung lediglich darum, ihm zu vermitteln, dass er einen ganz bestimmten Geruch aufnehmen und verfolgen soll. Dabei müssen alle anderen Dinge, die ihn sonst noch interessieren könnten, außer Acht gelassen werden. Wie man dieses trainiert, ist jedem Hundeführer bzw. Ausbilder selbst überlassen.

Es gibt verschiedene Ansätze, die jeder für sich genommen zielführend sein können. Wichtig ist es, die Ausbildungsmethode auf das einzelne Team abzustimmen und im Verlauf des Trainings immer wieder zu überprüfen. Welche Methode man auch anwendet: Wichtig ist, dass der Hund klar lernt, was er tun soll, und dass der Hundeführer lernt zu beurteilen, was sein Hund denn während der Arbeit da gerade tut. Denn die zentrale Frage beim Mantrailing lautet: Arbeitet der Hund noch, das heißt, kann ich ihm vertrauen, dass er mich in die richtige Richtung führen wird? Oder hat er die eigentliche Suche eingestellt und interessiert sich für andere Dinge bzw. führt er seinen Hundeführer einfach „spazieren"?

Vom bekannten Trail zum Blindtrail

Deswegen ist es meiner Meinung nach wichtig, dass der Hundeführer zu Beginn der Ausbildung zumindest grob über den Trailverlauf informiert ist. Nur so kann er das Verhalten seines Hundes richtig deuten und zuordnen. Allerdings muss der Ausbilder darauf achten, dass der Hundeführer wirklich nur beobachtende Funktion hat und nicht – absichtlich oder unabsichtlich – versucht, den Hund mithilfe der Leine in die Richtung des Trails zu dirigieren.

Es erfordert viel Erfahrung und Fingerspitzengefühl des Ausbilders, hier den Übergang zu „Blindtrails" zu schaffen, deren Verlauf der Hundeführer nicht kennt. Da beim Trailen erfahrungsgemäß die Startsituation die meisten Schwierigkeiten bereitet, kann man zum Beispiel einen Trail vorbereiten, dessen Startrichtung dem Hundeführer bekannt ist. Hat das Team die erste Schwierigkeit überwunden, kann man ihm dann zutrauen, den Rest der Strecke allein auszuarbeiten. Diese Aufgabe können auch schon weniger erfahrene Teams lösen. Voraussetzung dafür ist natürlich, dass der Hund ganz klar weiß, was er zu tun hat. Das bedeutet, dass er zweifelsfrei den Geruchsartikel, die Spur und die gesuchte Person miteinander verknüpft hat.

Soll man dem Hund „helfen" oder nicht?

In aller Regel gibt beim Mantrailing der Hund die Richtung vor. Der Hundeführer ist im Grunde genommen nur dazu da, ihn mithilfe der Leine am Davonrennen zu hindern bzw. ihn vor Unfällen zu bewahren. Trotzdem kann es vorkommen, dass der Hund einmal die Spur verliert. Hier muss der Hundeführer natürlich „helfend" eingreifen, indem er den Hund geschickt so führt, dass dieser wieder auf die Spur kommt und selbstständig weiterarbeiten kann. Dabei ist es relativ unerheblich, ob der Hundeführer den Spurverlauf kennt oder nicht. Wichtig ist, dem Hund alle Möglichkeiten aufzuzeigen, die ihn weiterbringen könnten.

Beispielsweise kann man ihn auf einer Kreuzung einmal im Kreis herumführen, sodass er die Gelegenheit hat, jede Ecke bzw. jede Seitenstraße zu überprüfen. Mit zunehmender Erfahrung wird der Hund von selbst solche Tendenzen zeigen und muss vom Hundeführer dann nur noch ein wenig unterstützt werden.

Zeichnet sich allerdings ab, dass der Hund sich eigentlich nur am Hundeführer orientiert und sich ausschließlich auf dessen Hinweise verlässt, sollte man seine Ausbildungsmethodik grundsätzlich überdenken. Beim Mantrailing ist ein selbstständiger und hochmotivierter Hund vonnöten.

Mehrere Hunde auf der Spur

Bei Realeinsätzen ist es mittlerweile durchaus üblich, mehrere Mantrailing-Teams zu alarmieren, um die Chancen auf ein gutes Suchergebnis zu erhöhen. Hier muss man allerdings darauf achten, dass die Hunde sich nicht daran gewöhnen, einfach die Spur des anderen Hundes zu verfolgen. Besonders bei Hunden, die oft zusammen trainieren, besteht diese Gefahr bzw. wenn ein Trail von mehreren Hunden gelaufen wird.

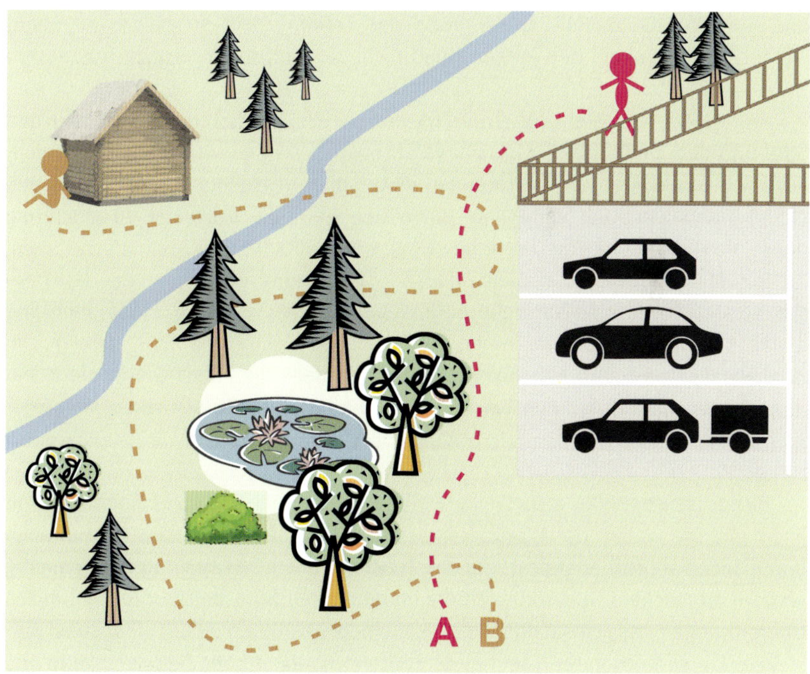

Beim Einsatz mehrerer Mantrailing-Teams müssen die Hunde lernen, dass sie nicht einfach der Spur ihres Artgenossen folgen.

In Ausnahmefällen kann man das tun, um im Training Zeit und Aufwand zu sparen, aber grundsätzlich sollte jeder Hund einen eigenen Trail gelegt bekommen bzw. die Trails sollten sich in wichtigen Details unterscheiden, um den Hunden beizubringen, dass sie die Versteckperson suchen sollen und nicht den vierbeinigen Kumpel.

Beispielsweise kann eine Person einen Übungstrail legen, der von Hund A ausgearbeitet wird. Danach legt dieselbe Person einen zweiten Trail, der am selben Punkt beginnt wie der erste und vielleicht anfangs auch in dieselbe Richtung läuft. Dann allerdings weicht der neue Trail vom alten ab und Hund B muss dies registrieren und sich entsprechend verhalten.

Steigerung des Schwierigkeitsgrads

Mantrailing ist – wenn es richtig gemacht wird und man erfolgreich ist – für Hund und Hundeführer eine sehr zufriedenstellende Tätigkeit. Im Einsatzfall kann ein gut trainiertes Team Menschenleben retten. Allerdings ist es auch mit Sicherheit eine der anspruchsvollsten Aktivitäten, die man mit Hunden machen kann. Es werden höchste Anforderungen an geistige und körperliche Fitness von Hund und Hundeführer gestellt. Daher muss das Training sehr sorgfältig aufgebaut werden, um vor allem den jungen Hund nicht zu überfordern und zu frustrieren.

Grundsätzlich besteht ein Trail aus drei Teilen: dem Start, der eigentlichen Spur und dem Ende. Oben wurde angeführt, wo sich in diesen Bereichen geruchliche Schwierigkeiten ergeben können. Man sollte allerdings darauf achten, bei einem Trainingsaufbau immer nur einen der drei Teile schwierig zu gestalten, damit die Aufgabe für das Team bewältigt werden kann.

Hat man sich also beispielsweise für eine Übung ein besonders schwieriges Versteck bzw. eine spezielle Auffindesituation ausgedacht, sollte man eine einfache Startsituation und einen relativ kurzen, einfachen Trail wählen. Im Zweifelsfall macht man eine Sache lieber zu einfach als zu schwierig, denn ein ungeplanter Misserfolg kann bei Hund und Hundeführer zu schweren Trainingsrückschlägen führen.

Sicher ist jedenfalls: Langweilig wird es beim ernsthaft betriebenen Mantrailing nicht! Die Vielfalt der Möglichkeiten ist so unendlich groß, dass ein Hundeleben manchmal nicht ausreicht, um das Team mit allen Eventualitäten im Training vertraut zu machen. Daher können die im deutschen Sprachraum durchgeführten Überprüfungen der Einsatzfähigkeit nur einen absoluten Minimalkonsens darstellen. Ein wirklich gutes Team bildet sich erst im Laufe der Zeit durch sehr viel gemeinsame Übung und Erfahrung heraus. Daher ist Generalisieren (Verallgemeinern) beim Mantrailing-Training das Wichtigste überhaupt.

Natürlich gibt es Grenzen des organisatorisch Machbaren, aber man sollte die Übungsgebiete, die Versteckpersonen, die Geruchsartikel, die Traillängen und -umgebungen und auch das Alter der Spuren variieren, wann immer es möglich ist. Daraus ergibt sich, dass in die Ausbildung eines erfolgreichen Mantrailing-Teams erheblich mehr Zeit und Aufwand investiert werden müssen, als im normalen Übungsbetrieb einer Rettungshundestaffel geleistet werden kann. Der Hundeführer muss also bereit und in der Lage sein, sich auch in eigener Verantwortung um zusätzliche Trainingsmöglichkeiten zu kümmern und diese auch wahrzunehmen. Dies erfordert Zeit, Engagement, soziale Kompetenzen und nicht zuletzt finanzielle Mittel.

Grenzen des Machbaren

In den letzten Jahren ist das Mantrailing in Europa „in Mode“ gekommen. Viele Rettungshundestaffeln bilden ehrenamtliche Mantrailing-Teams bis zur Einsatzreife aus und diese Teams verzeichnen in Realeinsätzen zum Teil beachtliche Erfolge. Trotzdem sind Mantrailing-Hunde natürlich keine „Wundertiere“, auch wenn manche Hundeführer dies gern behaupten und sich teilweise zu abenteuerlichen Vorgaben versteigen. Dies ist absolut unverantwortlich, besonders wenn es um echte Vermisstenfälle geht, in denen Polizei und Angehörige der Vermissten sich in ihrer Verzweiflung oft an jeden Strohhalm klammern. Daher gehört es zu den Aufgaben eines jeden seriösen Mantrailing-Hundeführers, die Grenzen der Methode und auch seines Hundes zu kennen und sachlich darüber zu informieren.

Eine der am häufigsten von Laien gestellten Fragen geht natürlich um das mögliche Höchstalter der Spur: „Wie alt darf ein Trail höchstens sein, damit der Hund ihn noch ausarbeiten kann?“ Die Antwort lautet auch hier: „Es kommt darauf an ...“ ,und zwar im Wesentlichen auf die Wetterbedingungen.

WIE ALT DARF EIN TRAIL SEIN?

Bei „normalem“ mitteleuropäischem Wetter, das heißt mäßig warm, nachts kühl, mäßig windig und mäßiger Niederschlag, kann sich eine Spur durchaus einige Tage so halten, dass ein gut ausgebildeter Hund noch etwas damit anfangen kann.

Erfahrene Hundeführer berichten jedoch übereinstimmend, dass nach spätestens einer Woche im Allgemeinen Schluss ist.

Der älteste Trail, den ich in einem Einsatz bearbeitete, führte zu einem brauchbaren Ergebnis. Allerdings stellte sich erst im Nachhinein heraus, dass der Trail zum Zeitpunkt meines Ansatzes bereits sechs Tage alt war. Hätte ich dies im Vorfeld gewusst, hätte ich diesen Einsatzauftrag sicher abgelehnt, zumal sowohl mein Hund als auch ich zu dieser Zeit noch nicht über einen großen Erfahrungsschatz verfügten.

Allerdings muss hier noch einmal ganz klar hervorgehoben werden, dass solche Fälle eine absolute Ausnahme darstellen. Bei weniger günstigen Wetterverhältnissen, wie zum Beispiel große Hitze oder Kälte, starker Schneefall oder starker Regen, kann es schon wenige Stunden nach dem Verschwinden der Person schwierig bis unmöglich sein, einen Trail vernünftig auszuarbeiten. Daher ist hier unter Umständen ein rasches Handeln der alarmierenden Stelle bzw. der Einsatzleitung erforderlich und die Entscheidung, ein Mantrailing-Team in eine Suche einzubeziehen, sollte nicht zu lange hinausgezögert werden, zumal diese Arbeit in aller Regel durch Ehrenamtliche geleistet wird, die eventuell nicht rund um die Uhr verfügbar sind und auch noch Zeit für die Anfahrt eingerechnet werden muss.

Bei hohen Temperaturen sollte der Mantrailing-Hund regelmäßig mit Wasser versorgt und lieber etwas früher abgelöst werden.

Schwierig wird es für ein Team außerdem, wenn sich im Gebiet viele Spuren der gesuchten Person befinden. Auch ein gut ausgebildeter und erfahrener Hund kann da Schwierigkeiten haben, die frischeste Spur herauszufinden und zu verfolgen, und manchmal ist es ganz einfach reine Glückssache. Hier empfiehlt es sich, im Einsatzfall mehrere Teams zu alarmieren. Falls ein Hund sich auf einer falschen Spur verausgabt hat, kann man mit dem Ansatz eines zweiten oder dritten Hundes durchaus noch etwas herausholen.

Ein anderes Problem sind Geruchsartikel von schlechter Qualität, also Gegenstände, an denen sich nur wenig Geruch der gesuchten Person befindet oder die durch Gerüche anderer Personen kontaminiert sind. Ein solide ausgebildeter Hund wird von einem schlechten Geruchsartikel nicht oder nur sehr zögerlich starten. Ist keine bessere Geruchsprobe zu bekommen, muss man in diesem Fall leider auf den Einsatz des Mantrailers verzichten. Dies zu beurteilen ist allerdings Sache des Hundeführers. Wie bereits oben erwähnt, sollte er allein sich um die Beschaffung und Beurteilung des Geruchsartikels kümmern, da er auch für das Suchergebnis seines Hundes Rede und Antwort stehen muss.

Wie lange ein Hund höchstens auf dem Trail arbeiten kann, hängt wiederum von der Umgebung ab, insbesondere von der Temperatur. Anders als bei der Flächensuche kann sich ein Mantrailing-Hund nicht zwischendurch aus dem Suchmodus herausnehmen, sondern muss die ganze Zeit voll konzentriert bleiben, um die Spur nicht zu verlieren. Bei kühler Witterung kann ein Hund in ruhiger Umgebung durchaus einige Kilometer weit suchen.

Allerdings sollte auch hier der Hundeführer wachsam sein und auf Anzeichen der Ermüdung seines Hundes achten. Dies kann sich dadurch äußern, dass der Hund langsamer wird oder sichtbar die Konzentration verliert, dass er sich mehr für andere Dinge als für den Trail interessiert oder aber auch, dass er nur noch stur geradeaus läuft, ohne aktiv zu arbeiten. Es versteht sich von selbst, dass dem Hund während der Suche regelmäßig Wasser angeboten wird. Im Zweifelsfall sollte der Hund lieber etwas früher aus der Suche herausgenommen und durch ein zweites Team abgelöst werden.

Wassersuche

Bei der Wasserarbeit mit Hunden müssen grundsätzlich zwei Bereiche unterschieden werden. Zum einen gibt es die sogenannte **Wasserrettung**. Hier werden Hunde meist großer, kräftiger Rassen dazu ausgebildet, in Not geratene Schwimmer zu retten und an Land zu ziehen. Besonders Neufundländer, Landseer und Labrador Retriever werden dafür eingesetzt. Sie erreichen die im Wasser befindliche Person entweder schwimmend vom Ufer aus oder sie werden mit einem Boot bis in die Nähe der Unfallstelle transportiert. Manchmal springen sie sogar aus Hubschraubern in das Wasser.

Allerdings geht es bei dieser Arbeit nicht um die Suche eines Menschen, sondern darum, die Person vor dem Ertrinken zu retten. Die Hunde tragen ein Geschirr mit Griffen, einen Reifen oder etwas Ähnliches im Fang, an dem sich die verunglückte Person festhalten und der Hund sie auf diese Weise an Land ziehen kann.

In diesem Zusammenhang soll es aber um die andere Art der Wasserarbeit gehen, und zwar um die **Wassersuche**, bei der auch die Nasenarbeit eine bedeutende Rolle spielt. Nach einer Überschwemmung, einem Badeunfall oder einem unklaren Vermisstenfall ist es sinnvoll, speziell ausgebildete Hunde zur Suche auf dem Wasser einzusetzen. Allerdings ergibt sich hier naturgemäß der Umstand, dass man es in der Regel mit einer Leichensuche zu tun hat. Denn Personen, die sich längere Zeit unter Wasser befinden, sind in den meisten fällen tot und entsprechend verändert sich auch das für den Hund wahrnehmbare Geruchsbild.

Bei der Wassersuche handelt es sich meistens um eine Leichensuche.

Geruchsträger für die Leichensuche

Wie bereits an anderer Stelle ausgeführt, verbietet sich die Arbeit mit echten Leichen bzw. Leichenteilen aus juristischen und aus ethischen Gründen. Daher muss man in der Ausbildung versuchen, den Leichengeruch möglichst exakt nachzuahmen. Dazu gibt es verschiedene Möglichkeiten.

Synthetische Mittel

So wie man mittlerweile die meisten bekannten Geruchsstoffe künstlich herstellen kann, gibt es auch Leichengeruch in Tablettenform. Diese Tabletten lösen sich im Wasser auf oder können in kleinen Döschen verpackt im Wasser „versenkt" werden. Problematisch dabei ist allerdings, dass diese Mittel die individuellen Geruchsunterschiede zwischen Menschen nicht abbilden, sondern der Hund auf einen Stereotyp konditioniert wird und im Einsatz dann eventuell Probleme mit der Abweichung hat. Daher sollten diese Tabletten nur sporadisch zur Ausbildung genutzt werden. Zudem verflüchtigt sich der Geruch wohl im Wasser relativ schnell. Außerdem sind die Präparate recht teuer. Vorteilhaft ist dagegen die ständige Verfügbarkeit.

Haare

Eine andere Möglichkeit besteht darin, mit abgeschnittenen Haaren zu arbeiten. Diese sind relativ einfach zu beschaffen und tragen den individuellen Geruch einer Person. Allerdings muss man in diesem Fall beachten, dass die Haare wirklich nur von einer einzigen Person stammen dürfen. Beim Zusammenfegen im Friseursalon muss man also gut aufpassen, um die Geruchsträger nicht mit Gerüchen von unbeteiligten Personen zu kontaminieren.

In der Praxis zeigt es sich, dass Haare relativ langsam verwesen. Das bedeutet, dass sie zwar für die Ausbildung lange tauglich sind, allerdings muss man in Badegewässern immer damit rechnen, dass sich auch Haare anderer Personen im Wasser befinden, die den Hund verwirren könnten. Auch bei mehreren Ausbildungsterminen in zeitlich kürzeren Abständen in demselben Gewässer könnten alte Geruchsproben den Hund verwirren. Daher wird die Wassersuche-Ausbildung mithilfe von Haaren inzwischen kaum noch praktiziert.

Taucher

Taucher produzieren zwar den idealen menschlichen Geruch, allerdings fehlt hier die typische „Leichen-Komponente", auf welche die Hunde unbedingt ausgebildet werden müssen. Außerdem tragen Taucher bei der Arbeit fast immer Neoprenanzüge. Dies ist insofern problematisch, da die Hunde den Eigengeruch des

Neoprens während der Ausbildung sozusagen automatisch mit abspeichern und „glauben“, diese Komponente sei zwangsläufig Teil des anzuzeigenden Geruchs. In einem echten Einsatz fehlt diese Komponente meist und man kann sich dann nicht mehr darauf verlassen, dass die Hunde trotzdem noch zuverlässig anzeigen.

Problematisch sind außerdem die aufsteigenden Luftblasen, an denen sich sowohl Hunde als auch Hundeführer unwillkürlich orientieren. Um dies zu vermeiden, muss unbedingt ein geschlossenes Luftsystem verwendet werden. Allerdings sind nur wenige Taucher dafür qualifiziert und ausgerüstet, sodass dieser Weg der Ausbildung auf Dauer nur schwer umzusetzen ist.

Leichenteile oder Tierfleisch

Wenn man die Möglichkeit hat, kann man „echte“ Körperteile wie zum Beispiel Fingernägel, Haare, Blut, Zähne usw. zur Ausbildung verwenden. Verwahrt man diese für einige Zeit in einem Einmachglas, wird auch hier ein Verwesungsprozess einsetzen, der dann – ähnlich wie beim Mantrailing – mithilfe steriler Kompressen multipliziert werden kann.

Mensch und Schwein sind sich physiologisch sehr ähnlich, auch was Struktur und Beschaffenheit von Fleisch und Fettgewebe angeht. Daher kann man davon ausgehen, dass verwestes Schweinefleisch für Hunde ähnlich riecht wie ein toter Mensch. Schweinefleisch ist für die Ausbildung sehr einfach zu beschaffen, allerdings besteht hier die Gefahr, dass andere Verwesungsgerüche im Wasser wie zum Beispiel durch tote Fische von den Hunden ähnlich wahrgenommen werden und dann zu Fehlanzeigen führen. Vor allem bei Einsätzen in Überflutungsgebieten ist dies problematisch, da hier in der Regel viele tote Tiere im Wasser sind.

Die Ausbildung zur Wassersuche

Grundsätzlich wird man bei der Ausbildung zur Wassersuche so vorgehen, dass man Geruchsträger in irgendeiner Form im Wasser versenkt und danach den Hund zur Suche schickt. Zeigt der Hund eine Reaktion, wird er bestätigt. Hier ist es hilfreich bzw. notwendig, den Hund zuvor „an Land“ auf den zu suchenden Geruch zu konditionieren, damit er überhaupt weiß, was er suchen soll. Je nach Vorerfahrung des Hundes kann dies mehr oder weniger schwierig sein.

Oft werden Wassersuchhunde vorher bereits als Flächen- oder Trümmersuchhunde eingesetzt und sind somit mit der Suche nach menschlichem Geruch bzw. dessen Anzeige vertraut. Nun geht es darum, die Geruchskomponente „Leiche“ mit hineinzubringen. Dafür können die oben genannten Geruchsträger verwendet werden. Hat der Hund verstanden, was er tun soll, kann man mit der Wasserarbeit beginnen.

Bei der Ausbildung zur Wassersuche beginnt man in der Regel an einem Tümpel oder Bach.

Natürlich wird man mit einem „begehbaren“ Gewässer wie zum Beispiel einem Tümpel oder einem Bach beginnen. Der Hundeführer kann sich zu Fuß fortbewegen und der Hund kann gegebenenfalls schwimmen. Allmählich werden die Gewässer dann tiefer und die Bootsarbeit kommt hinzu.

Beim Auslegen der Geruchsträger sind jedoch einige Dinge zu beachten. Zum einen müssen die entsprechenden Stellen markiert werden, um die Geruchsträger nach dem Training wieder aus dem Wasser entfernen zu können. Sonst würden

DER FAKTOR ZEIT

Im Wasser gibt es verschiedene Phasen der Geruchsentwicklung. Man geht davon aus, dass die „normale“ Geruchsentwicklung durch abgestoßene Partikel bis etwa zehn Stunden nach dem Ereignis anhält. Selbst wenn der Mensch verstorben ist und keine Hautzellen mehr abstößt, halten sich die Geruchspartikel je nach Wasser- und Lufttemperatur noch einige Zeit im Wasser und können vom Hund als solche wahrgenommen werden. Nach etwa 36 Stunden setzt dann die Fäulnis bzw. Verwesung ein und durch die Gasbildung entsteht ein deutlich verändertes Geruchsbild. Auch dies muss bei der Suche bzw. bei der Beurteilung des Anzeigeverhaltens durch den Hundeführer beurteilt werden.

sie unter Umständen noch viele Wochen lang Geruch abgeben und die Hunde würden beim nächsten Trainingstermin unnötig verwirrt. Markiert man die Stellen mit Bojen oder Ähnlichem, muss man allerdings daran denken, gleichzeitig „Blindbojen“ auszubringen, die keine Geruchsstelle markieren. Sonst lernen die Hunde sehr schnell, sich auf diesen optischen Reiz zu konzentrieren und es entstehen Fehlverknüpfungen. Dasselbe ist der Fall, wenn Zuschauer sich in der Nähe der interessanten Stellen am Ufer postieren.

Die Suche auf dem Wasser

Hier ergibt sich die Schwierigkeit, dass der Geruch der ertrunkenen Person durch die Strömung mehr oder weniger weit vom tatsächlichen Liegepunkt weggetragen wird. Wie weit und wie stark diese Vertragung für den Hund bemerkbar ist, hängt zum einen natürlich von der Fließgeschwindigkeit ab, aber auch von der Temperaturschichtung des Wassers (und damit auch von Jahreszeit und Wetterlage), der Beschaffenheit (schlammig oder klar), der Windrichtung und Windgeschwindigkeit an der Wasseroberfläche, von der Tiefe, in der die Person liegt, ebenso wie vom Zeitpunkt des Unfalls und sogar von der Kleidung, die die Person trägt. Jedenfalls weichen die Anzeigepunkte der Hunde praktisch immer mehr oder weniger stark vom Liegepunkt der Personen ab.

In dem Fall sind sowohl das Können des Ausbilders als auch die Erfahrung des Hundes und des Hundeführers gefragt, denn ähnlich wie bei der Flächensuche kommt es darauf an, den Punkt des stärksten Geruchs möglichst genau herauszuarbeiten. Ein Hund, der schon bei der geringsten diffusen Witterungsaufnahme zu bellen beginnt, wird für die Wassersuche kaum brauchbare Informationen liefern. Erschwerend kommt hinzu, dass der Hund sich ja auf dem Wasser nicht wie in der Fläche frei bewegen kann, um sich selbstständig an den Punkt, an dem der Geruch am stärksten ist, heranzuarbeiten.

Somit wird man mit dem Hund auf dem Boot im Zick-Zack-Revier das Gewässer abfahren, wobei der Hund sich auf dem Boot frei bewegen können sollte. Der Hundeführer muss seinen Hund genau beobachten und bestimmen, an welcher Stelle dieser das intensivste Anzeigeverhalten gezeigt hat. Hieraus lässt sich dann der Liegepunkt der Person unter Einberechnung der äußeren Gegebenheiten (Wind, Wassertiefe, Wassertemperatur, Strömung usw.) relativ genau bestimmen.

Grundsätzlich breitet sich der Geruch im Wasser etwa kegelförmig von unten nach oben aus. Je tiefer die Geruchsquelle also liegt, desto größer wird der Radius, innerhalb dessen der Hund den Geruch wahrnehmen kann, an der Oberfläche. Das bedeutet aber auch, dass der Geruch mit zunehmender Wassertiefe immer diffuser und damit schwieriger einzugrenzen ist. Eine kritische Grenze dessen, was an der Oberfläche noch ein brauchbares Geruchsbild ergibt, liegt erfahrungsgemäß bei etwa 40 Meter Wassertiefe.

EINSATZ MEHRERER HUNDE HINTEREINANDER

Da die Wassersuche mit Hunden wesentlich schwerer zu „fassen“ ist als zum Beispiel die Flächensuche, verfährt man in Training und Einsatz üblicherweise so, dass mehrere Hunde hintereinander eingesetzt werden, wobei der zweite Hundeführer keine Kenntnis über die Ergebnisse der ersten Suche haben sollte. So kann der zweite Hundeführer möglichst unvoreingenommen an die Suche herangehen und man vermeidet, dass er seinen Hund unbewusst zu einer Anzeige „drückt“. Nach dem Ende der zweiten Suche können die Ergebnisse in der Gesamtschau ausgewertet werden und je nachdem können dann die Tauchgänge stattfinden.

Zu beachten ist im Realeinsatz außerdem, dass der Hund nicht beurteilen kann, ob es sich bei dem Geruch, den er wahrnimmt und anzeigt, tatsächlich um den Körper der vermissten Person handelt oder lediglich um einen Teil davon. Dies spielt zum Beispiel bei Suchen auf Gewässern mit Schiffsverkehr eine Rolle, bei denen es durchaus vorkommen kann, dass einzelne Körperteile durch Schiffsschrauben abgetrennt werden. Auch bei Überschwemmungen durch Naturkatastrophen kann es passieren, dass einzelne Leichenteile im Wasser von den Hunden angezeigt werden. Je nach Art und Zustand des Gewässers können auch tote Fische, vermodernde Holzstücke, Wasserpflanzen oder auch eingeleitete Abwässer Verwesungsgeruch verströmen und bei den Hunden Fehlanzeigen provozieren.

Für den Hund ist es außerdem schwierig zu unterscheiden, wie viele Personen tatsächlich unter Wasser sind. Beispielsweise muss man bei einem Bootsunfall mit mehreren Verunglückten rechnen. Hat der Hund einen von ihnen angezeigt und wurde dieser Fund durch Taucher bestätigt bzw. die Person geborgen, ist es schwierig, in einer zweiten Suche in der Nähe liegende Personen ebenfalls mit Hunden zu orten, da die Restwitterung sich im Wasser wesentlich länger hält als in der Luft und der Hund sich ja nicht, wie bei der Flächensuche, davon überzeugen kann, dass ein Versteck tatsächlich „leer“ ist.

Die Suche in Fließgewässern

Die Suche kann entweder vom Boot oder vom Ufer aus erfolgen. Dies richtet sich nach dem (vermuteten) Unfallhergang, der Breite und Tiefe des Gewässers, der Fließgeschwindigkeit sowie der Ufergestaltung bzw. dem Bewuchs.

Grundsätzlich wird immer stromaufwärts gesucht, wobei man wissen muss, dass menschliche Körper oft viele Kilometer flussabwärts mitgetrieben werden. Dies gilt besonders bei hohen Fließgeschwindigkeiten (Hochwasser!) und leichten Körpern, also bei Kindern.

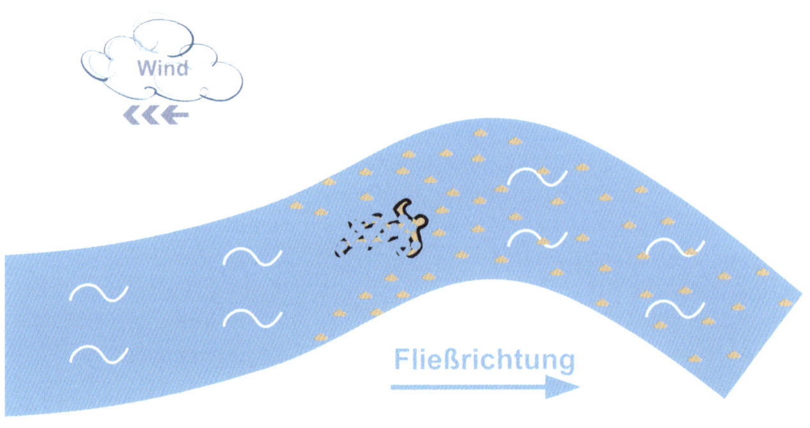

Auch in einem Fließgewässer hat nicht nur die Fließrichtung des Wassers, sondern auch die Windrichtung Einfluss darauf, wie sich die Geruchpartikel verteilen.

Je nach zeitlichem Abstand zum Unfall kann es also sinnvoll sein, die Suche am nächsten stromabwärts gelegenen Wehr zu beginnen bzw. dort zuerst die Rechen durch Taucher absuchen zu lassen, sofern dies gefahrlos möglich ist. Dann arbeitet man sich stromaufwärts vor – entweder zu Fuß vom Ufer aus oder in einem Boot, das die Wasserfläche zick-zack-förmig kreuzt.

Bekommt der Hund Witterung, wird er dies durch verändertes Verhalten anzeigen und der Bootsführer muss dann genau den Anweisungen des Hundeführers folgen, damit das Team den Punkt der stärksten Witterung möglichst exakt eingrenzen kann. Hat das Boot diesen Punkt überfahren, werden die Witterung und damit die Anzeige des Hundes abrupt abbrechen. Der Hundeführer muss dann in Absprache mit den Tauchern versuchen, aus dem Punkt der stärksten Witterung den Liegepunkt der Person zu errechnen. Dieser weicht je nach Wind- und Strömungsverhältnissen mehr oder weniger stark vom Anzeigepunkt ab.

In den folgenden Grafiken ist zu sehen, wie der Anzeigebereich je nach Beschaffenheit von Wind und Strömung sehr unterschiedlich sei kann.

Mit Strömung, kein Wind

Ohne Strömung, mit Wind

Mit Strömung und Wind

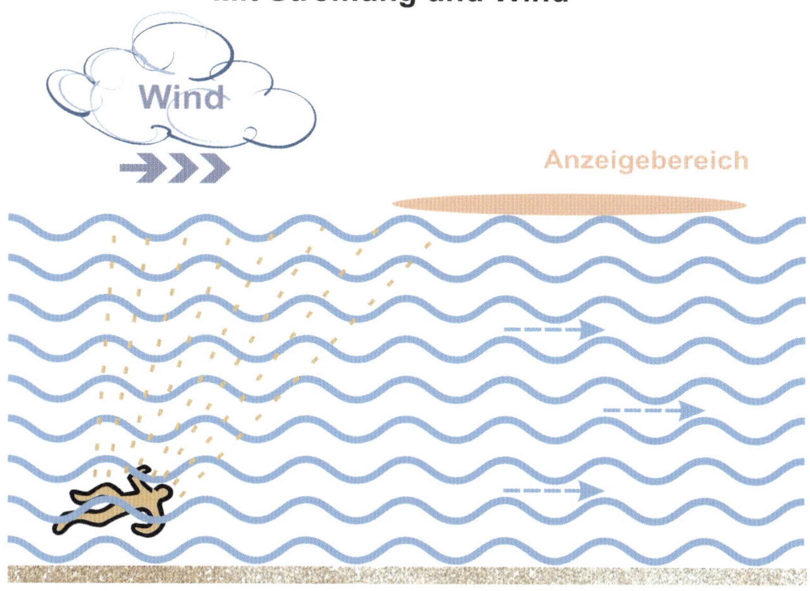

Mit Strömung und Gegenwind

Die Suche in stehenden Gewässern

Auch in stehenden Gewässern gibt es in aller Regel irgendeine Art von Durchfluss. Allerdings hat dieser von Fall zu Fall ganz unterschiedliche Auswirkungen auf die Strömungs- und Temperaturverhältnisse im und auf dem Wasser. Deswegen ist es bei einer Suche sehr wichtig, mit ortskundigen Einsatzkräften zusammenzuarbeiten, die das Gewässer und seine Eigenarten genau kennen. Dies ist zum einen wichtig, um während der Suche größtmögliche Sicherheit zu gewährleisten, und zum anderen können nur so die Suchergebnisse möglichst effektiv ausgewertet werden.

Auch in einem stehenden Gewässer kann der Geruch, der sich an der Wasseroberfläche findet, recht weit von dem Liegepunkt der Person und damit von der Geruchsquelle weggetrieben worden sein.

Suche in zugefrorenen Gewässern

Eisunfälle gehören zu den tragischsten Unglücken, da besonders häufig Kinder betroffen sind und die Ortung unter dem Eis sehr schwierig bis unmöglich ist. Hier sind dem Sucheinsatz mit Hunden klare Grenzen gesetzt. Bei dünner Eisdecke ist es natürlich viel zu gefährlich, den Hund auf das Eis zu schicken. Und ist das Eis dick genug, um die Einsatzkräfte sicher zu tragen, kann kein Geruch hindurchdringen.

Die einzige Möglichkeit besteht darin zu warten, bis das Eis weggetaut ist, und dann einen Ortungsversuch mit Hunden zu unternehmen. Dies ist in solchen Fällen auch nach längerer Zeit sinnvoll, denn im eiskalten Wasser sind die Verwesungsprozesse deutlich verlangsamt und es bestehen also in diesen Fällen auch nach Wochen noch Chancen, die verunglückte Person zu finden.

Lawinensuche

Einer der berühmtesten Hunde der Geschichte war der Lawinenhund Barry, der im Jahr 1800 im Hospiz im Großen St. Bernhard geboren wurde und angeblich 40 Menschen das Leben gerettet hat. Schon seit langer Zeit züchteten damals die Mönche des Augustinerklosters auf dem Großen St. Bernhard in den Alpen große, kräftige Hunde, die gezielt dazu ausgebildet wurden, verirrte Wanderer aufzuspüren und sicher zum Hospiz zu führen. Aufgrund ihres Herkunftsortes nannte man die Rasse „Bernhardiner" und unter diesem Namen sind die weiß-braun gezeichneten Hunde bis heute bekannt.

Allerdings hat ihr Äußeres sich in den letzten hundert Jahren deutlich gewandelt. Aufgrund veränderter Zuchtziele sind die Bernhardiner heute wesentlich größer und damit schwerfälliger als früher und damit sind ihre Tage als einsatzfähige Lawinenhunde leider vorbei. Denn gerade bei der Lawinenarbeit ist es besonders wichtig, leichte und wendige Hunde zu verwenden, die im Schnee möglichst wenig einbrechen.

Seit dem Zweiten Weltkrieg wurden Lawinenhunde in den Alpenländern systematisch für den militärischen Bereich ausgebildet und später wurde diese Arbeit von zivilen Organisationen wie zum Beispiel der Bergwacht übernommen. Heute ist die Lawinenarbeit, wie das gesamte Rettungshundewesen, fast ausschließlich ehrenamtlich organisiert.

Die Suche nach Lawinenopfern ist immer ein Wettlauf mit der Zeit.

Bei einem Lawinenunglück ist das Leben der Verschütteten auf mehrfache Weise bedroht. Zum einen können natürlich schwere innere und äußere Verletzungen entstehen, wenn die Personen zum Teil über viele Meter hinweg steil talwärts mitgerissen werden und dabei gegen Felsen, Geröll, Bäume usw. gedrückt werden. In aller Regel werden die Verschütteten bewusstlos und durch einen eventuellen Atemstillstand kann es zum Erstickungstod kommen ebenso wie durch eine ungünstige Lage unter dicht gepackten Schneemassen.

Aber selbst wenn man bei Bewusstsein bleibt, wird man feststellen müssen, dass unter dem Schnee oft nicht genug Luft zum Atmen bleibt. Nase und Mund füllen sich rasch mit Schnee, was die Atmung zusätzlich behindert. Dazu kommt natürlich die Unterkühlung und manche Opfer werden von den tonnenschweren Schneemassen einfach erdrückt.

Daher ist es bei einem Lawinenunglück besonders wichtig, rasch zu reagieren, denn je nachdem, wie tief die Verschütteten unter dem Schnee liegen, verringern sich die Überlebenschancen immer weiter, je mehr Zeit nach dem Unglück vergeht.

Die verschiedenen Ortungsmöglichkeiten

Die klassische Art der Suche nach Lawinenopfern ist das Begehen des Schneefelds mit sogenannten **Sonden**. Das sind lange Metallstöcke, die in geringen Abständen in den Schnee gesteckt werden. Die Sondengeher rücken dabei schrittweise vor und halten strikt die vorgegebenen Abstände ein. Dies ermöglicht einerseits ein sehr gründliches und systematisches Absuchen des Lawinenfeldes, ist aber andererseits sehr personalintensiv und auch zeitraubend.

Eine reine Sondensuche ist also nur sinnvoll, wenn die ungefähre Position der Verschütteten bekannt ist und solange keine Suchhunde vor Ort sind. An den Sondenlöchern können Hunde bei einer späteren Suche auch leichter Witterung bekommen, da der Geruch ja in aller Regel aufsteigt.

Die andere Möglichkeit ist die Ortung mit sogenannten **Lawinenpiepsern**. Die meisten Skitourengeher haben heutzutage ein solches Gerät bei sich, das auf einer bestimmten Frequenz Funksignale aussendet. Mit Peilgeräten können diese Signale dann geortet und die Verschütteten rasch gefunden werden. Voraussetzung dafür ist natürlich, dass die Geräte funktionstüchtig sind und nicht beim Lawinenabgang verloren gegangen sind. Oft ist auch unklar, ob die Vermissten überhaupt solche Geräte bei sich hatten.

Mittlerweile sind viele Bergrettungsdienste mit Ortungsgeräten des RECCO-Systems ausgestattet. Mit diesen aktiven Peilsendern können passive Reflektoren, die in die Kleidung der Skifahrer eingenäht sind, geortet werden. Viele Bekleidungshersteller verwenden das System.

Trotz dieser großen technischen Fortschritte wird man bei der Lawinensuche dennoch in aller Regel auf Hunde zurückgreifen, da sie ein Schneefeld wesentlich rascher und effektiver abarbeiten können als Sondengeher und bei der Suche nicht auf technische Unterstützung angewiesen sind. Man kann auch mehrere Sucharten gleichzeitig einsetzen, um Zeit zu sparen, zumal es in der Regel eine Weile dauert, bis die Hunde am Unglücksort eintreffen.

Die Geruchsentwicklung im Schnee

Grundsätzlich gelten dieselben Faustregeln wie bei der Arbeit in den Trümmern, wo die Vermissten ja in aller Regel auch nicht offen liegen, sondern von Material bedeckt sind. Je lockerer und trockener der Schnee ist, desto leichter können Geruchspartikel zwischen den Schneekristallen durch die winzig kleinen Zwischenräume dringen und aufsteigen. Das gilt übrigens nicht nur für Lawinenopfer, sondern auch für Skifahrer und Wanderer, die beispielsweise nach einem Sturz liegen geblieben sind und zugeschneit wurden.

Da ja allgemein die Grundregel gilt, dass ein warmer Körper in kalter Umgebung viel Geruch abgibt, sind die Voraussetzungen für die Lawinensuche mit Hunden so gesehen sehr günstig, zumal die Hunde auf dem Schneefeld nicht mit so starken Verleitgerüchen wie zum Beispiel bei der Trümmerarbeit konfrontiert werden.

Allerdings muss, wie bereits erwähnt, davon ausgegangen werden, dass Lawinenopfer recht stark auskühlen und ihr Körper dann nicht mehr so viel Geruch abgibt. Außerdem weiß man, dass die kalte Umgebung die Aktivität der geruchsbildenden Bakterien verringert. Und manchmal bildet sich durch die Körperwärme der verschütteten Person ein regelrechter „Eispanzer“, der die Schneehöhle von innen auskleidet und keinen Geruch nach außen dringen lässt. Schließlich kommt es noch darauf an, mit welcher Art von Schnee man es zu tun hat.

Verschiedene Lawinenarten

Schneebretter entstehen, wenn schwere, nasse Schneemassen im oberen Hangbereich linienförmig losgelöst werden und als relativ homogene Masse „wie ein Brett“ talwärts rutschen. Im Laufe der Bewegung zerbrechen diese Lawinen in kleinere Teile, die sich dann schollenartig übereinander schieben und am Auslauf auch so liegen bleiben. Zwischen diesen einzelnen Schollen können relativ große Luftkanäle bleiben, sodass der Geruch gut aufsteigen kann.

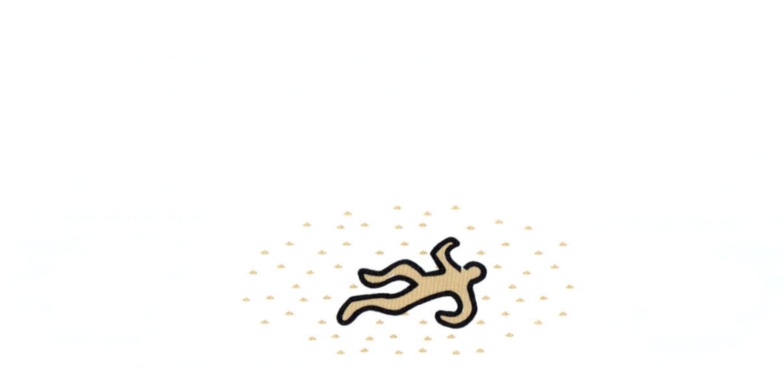

In lockerem Schnee (oben) können die Geruchspartikel noch nach außen dringen, in einer Schneehöhle (unten) dagegen nicht mehr.

Lockerschneelawinen haben einen punktförmigen Abriss und werden mit zunehmender Rutschstrecke birnenförmig immer größer, da eine Kettenreaktion einsetzt: Die einzelnen Schneeteilchen reißen andere mit. Wie der Name bereits sagt, treten sie vor allem bei unverfestigtem Schnee auf.

Staublawinen sind durch eine starke Durchmischung von Feinschnee mit Luft gekennzeichnet. Sie treten oft an besonders steilen Hängen auf. Durch die großen Luftdruckunterschiede zwischen Lawine und Umfeld entsteht ein Sog, der Bäume, Menschen und zum Teil sogar Gebäude mitreißen kann, auch wenn sie außerhalb des eigentlichen Lawinenereignisses stehen. Der sehr feine Schnee kann zudem besonders leicht in die Lunge eindringen, sodass besonders große Erstickungsgefahr besteht.

Wichtig ist auf jeden Fall die **Beschaffenheit des Schnees**. Lockerer Neuschnee bietet bei der Suche andere Voraussetzungen als Harsch, der durch die mittägliche Sonnenwärme oberflächlich angetaut war und nachts wieder gefroren ist. Wiederholt sich dieser Vorgang mehrmals über ein paar Tage, bildet sich an der Oberfläche eine regelrechte Eisschicht, die im Fall einer Lawine nur schwer Geruch durchlässt. Oft genug werden solche verharschten Altschneeflächen aber auch von frischem, lockerem Schnee bedeckt, welcher sich im Laufe der Zeit wiederum in seiner Struktur verändert. Je nach Mächtigkeit und Aufbau der verschiedenen Schneeschichten können sich auch oberflächlich Lawinen ablösen.

Aus der Sicht des Verschütteten: Die Geruchspartikel können nur durch die Spalten nach außen dringen.

Ist eine Person unter einem Schneebrett begraben, können die Geruchspartikel nur durch die Luftkanäle nach außen gelangen.

Die Ausbildung zur Lawinensuche

Bei der Lawinenarbeit wird in der Regel die Anzeige durch Scharren verwendet. Das Training hierzu ist üblicherweise kein Problem, da viele angehende Lawinenhunde eine Flächen- und manchmal auch eine Trümmerausbildung hinter sich haben. Besonders von der Erfahrung in den Trümmern kann der Hund profitieren, da sich bei der Lawinenarbeit die Situation genauso darstellt: Die verschüttete Person ist nicht direkt zugänglich bzw. sichtbar, das heißt, der Hund muss sich ganz auf seine Nase verlassen und den Punkt der stärksten Witterung anzeigen.

Das charakteristische Scharren mit den Pfoten bieten viele Hunde von selbst an, sobald sie gemerkt haben, dass unter dem Schnee eine Belohnung zu finden ist. Der Hundeführer kann dies durch Lob bestärken und der Hund erhält seine Belohnung dann direkt von der Versteckperson.

Man wird bei der Ausbildung zunächst mit offenen Schneehöhlen beginnen, in welche die Versteckpersonen gesetzt werden, sodass sie zu sehen sind. Wenn die Hunde dort sicher anzeigen, kann man die Verstecke allmählich mit Schneeblöcken „zubauen", sodass die Versteckpersonen nicht mehr sichtbar sind. Allerdings ist hier zu beachten, dass sich auf einem Schneefeld, das ansonsten arm an geruchlichen Reizen ist, schnell „Geruchsautobahnen" zu den Verstecken bilden. Ausbilder, Versteckpersonen und Hundeführer laufen viele Male zum Versteck und wieder zurück und daher kann natürlich von einer echten Suchsituation keine Rede sein.

Besonders die Fährten der Ausbilder sind für die Hunde interessant, die natürlich sehr schnell lernen, welche Personen immer zu den Verstecken gehen. Außerdem scheint es so zu sein, dass die sogenannte Restwitterung sich im Schnee besonders lange hält, das heißt, auch leere Verstecke riechen für die Hunde noch interessant. Daraus folgt, dass man bei der Ausbildung die Verstecke oft wechseln muss und dass es insgesamt hilfreich ist, wenn möglichst viele Personen kreuz und quer auf dem Schneefeld herumlaufen. Damit bereitet man den Hund zugleich auf eine mögliche Einsatzsituation vor, bei der in der Regel ebenfalls fremde Suchkräfte vor Ort sind und mit Ortungsgeräten bzw. mit Sonden suchen, bevor die Hundestaffel eintrifft.

Nach und nach werden die Höhlen für die Übungsopfer dann tiefer gegraben, bis man bis auf einer Tiefe von etwa zwei Metern angelangt ist. Viele real Verschüttete liegen etwa in dieser Tiefe bzw. sogar noch etwas näher unter der Oberfläche, da viele Tourengeher heutzutage sogenannte Lawinenairbags tragen. Bei diesen Geräten wird durch Zug an einer Schnur ein Mechanismus ausgelöst, der – ähnlich wie beim Auto – ein Luftkissen aufbläst. Dies soll den Auftrieb erhöhen und damit die Chance verbessern, dass der Verunglückte möglichst nahe an der Oberfläche zu liegen kommt oder idealerweise überhaupt nicht unter den Schnee gerät.

Das Scharren mit den Pfoten als Anzeige wird häufig von den Hunden von sich aus angeboten.

Indem sich das Übungsopfer in eine Schneehöhle legt, kommt man beim Training dem realen Ernstfall recht nahe.

Die Suche

Ähnlich wie in den Trümmern kann man zwischen Grob- und Feinsuche unterscheiden. Der Einsatz dieser Sucharten hängt von verschiedenen Faktoren ab. Je nach Größe des abzusuchenden Gebietes und je nach Lawinenart kann man zunächst mit einer **Grobsuche** beginnen. Gibt es jedoch Anhaltspunkte, in welchem Bereich des Suchgebietes sich der oder die Vermissten ungefähr befinden, wird man natürlich gezielt dort mit einer **Feinsuche** einsetzen. Diese Informationen können zum Beispiel von Augenzeugen stammen, die das Unglück beobachtet haben und Auskunft über die Anzahl der Vermissten und vielleicht sogar über deren ungefähre Position geben können.

Auch sogenannte Einfahrtspuren sind oft hilfreich, die zeigen, an welcher Stelle ein Skifahrer in die Lawine hineingeraten ist und sie eventuell sogar selbst ausgelöst hat. Befinden sich unten im Hang keine Ausfahrtsspuren, muss man davon ausgehen, dass der oder die Skifahrer sich unter der Lawine befinden, und kann aufgrund der Führung der Einfahrtspuren ungefähr das Suchgebiet eingrenzen.

Wie bei jeder Art der Suchhundearbeit müssen auch hier unbedingt die Windrichtung und -stärke beachtet werden. Man kann den Wind auf die übliche Art und Weise prüfen. Manchmal spürt man aber auch ohne „Hilfsmittel" wie Puder, Wollfäden oder Zigarettenrauch, aus welcher Richtung der Wind auf einer Lawine weht, da üblicherweise keine Hindernisse im Weg sind.

Je nach Beschaffenheit der Lawine wird auch manchmal etwas Schnee verweht, sodass man die Bodenströmungen gut erkennen kann. Natürlich wird man den Hund, wenn es möglich ist, gegen den Wind ansetzen. Oft lässt sich hier die alte Regel anwenden, dass die tagsüber erwärmte Luft abends abkühlt und absinkt, wodurch der Wind talwärts weht.

Sinnvollerweise beginnt man die Suche also am unteren Rand des Lawinenfeldes im sogenannten Staubereich. Hier besteht außerdem die höchste Wahrscheinlichkeit, Vermisste zu finden, da diese oft wie ein Gegenstand mitgerissen werden und im Staubereich zu liegen kommen. Dort werden sie durch nachrückende Schneemassen vollends bedeckt und gelten dann als verschüttet.

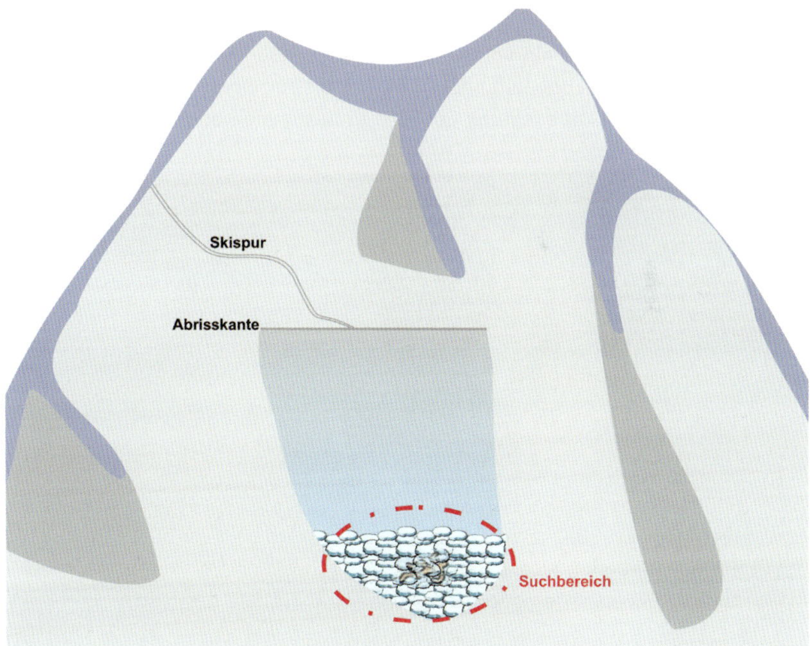

Die Einfahrtspur des Skifahrers endet an der Abrisskante. Somit kann man davon ausgehen, dass er von der Lawine verschüttet wurde und vermutlich im unteren Suchbereich zu finden ist.

Bei der Lawinensuche soll der Hund – im Gegensatz zu den anderen Sparten der Suchhundearbeit – auch Gegenstände anzeigen, die menschliche Witterung tragen, wie zum Beispiel Handschuhe oder Rucksäcke. Dies hat den Grund, dass sich in der Nähe dieser Gegenstände oft tatsächlich Personen befinden, die die Gegenstände verloren haben. Auch kann man in Kombination mit eventuellen Einfahrspuren oft genauer abschätzen, wo die Verschütteten unter dem Schnee liegen.

Allerdings wird man feststellen, dass die Hunde bei diesen Gelegenheiten oft nicht so intensiv anzeigen, als wenn sie tatsächlich eine Person in der Nase haben. Auch hier gilt wieder, dass der Hundeführer seinen Hund und dessen Verhaltensweisen genau kennen und beobachten muss.

Die Anzeigen sind oft diffus, auch bei tiefer verschütteten Personen. Zeigt der Hund an einer Stelle eine Reaktion, kann dort auf Anweisung des Hundeführers beispielsweise mit Sonden genauer nachgeforscht werden. Danach kann der Hund wiederum angesetzt werden, um die Sondenlöcher zu kontrollieren und seine Anzeige zu bestätigen oder sogar noch zu intensivieren. Genauso wird bei einer Grabung mit Schaufeln vorgegangen. Zwischendurch wird der Hund immer wieder einmal an das Loch herangelassen, um die Anzeige zu verifizieren und – wenn möglich – die Graberichtung genauer zu bestimmen oder zu korrigieren.

Endlich gefunden – die Erlösung für den Verschütteten.

Anhang

Zum Schluss

Mit diesem Buch haben Sie einerseits einen Überblick über den aktuellen Forschungsstand zum Thema Hundenase erhalten. Andererseits wurde ein Querschnitt durch die verschiedenen Sparten der Rettungshundearbeit gezeigt, wobei die Grundzüge der Nasenausbildung erläutert und neue Anregungen für das Training geliefert wurden. Daraus ergibt sich, dass ein solches Werk lediglich eine Momentaufnahme unseres heutigen Wissens darstellen kann.

Die Forschung zum Thema Hundenase und Geruch entwickelt sich aber ständig weiter und obwohl dieser Bereich eine unglaublich interessante Materie darstellt, muss man leider feststellen, dass wir vieles nach wie vor einfach nicht wissen. Daher sollte man sich auch in der praktischen Rettungshundearbeit davor hüten, allzu kühne Behauptungen über Geruchsentstehung, seine Entwicklung und Verteilung aufzustellen. Stichhaltig bewiesen ist aus diesem Bereich nämlich fast überhaupt nichts und das Wissen, das wir bei der Ausbildung unserer Rettungshunde anwenden, beruht hauptsächlich auf unseren Erfahrungen und Beobachtungen.

Doch vielleicht liegt gerade darin der Reiz dieser engen Zusammenarbeit mit dem Hund: Die schier unglaublichen Fähigkeiten der Hundenase haben für uns immer noch etwas Geheimnisvolles an sich und so eng wir auch mit dem Haustier Hund zusammenleben, wird dieser Bereich für uns wohl immer ein wenig rätselhaft bleiben.

An dieser Stelle möchten wir auch nicht versäumen, uns bei allen Hundefreunden und Rettungshundeführern mit ihren vierbeinigen Begleitern zu bedanken, die uns mit Rat und Tat zur Seite gestanden und uns viel Einblick in die Ausbildung und das Verhalten ihrer Hunde gewährt haben. Ebenso gilt unser Dank natürlich allen Fotomodellen, die sich für uns zur Verfügung gestellt haben und somit zur Bereicherung des Buches beigetragen haben.

Ein besonderer Dank geht an Ulf Mirlieb, Doris Röthig und Katrin Walter, die uns ihre wunderbaren Fotos zur Verfügung gestellt haben. Nicht zuletzt möchten wir auch Waldemar Winkler danken, der unsere Ideen und Entwürfe für aussagekräftige Abbildungen in druckreife Grafiken umgewandelt hat.

Wir hoffen, dass Sie durch dieses Buch noch etwas mehr Einblick in die Welt voller Düfte unserer Vierbeiner und vielleicht noch ein bisschen mehr Verständnis für deren außergewöhnliche Sinnesleistung erhalten haben. Und es würde uns sehr freuen, wenn der eine oder andere Hinweis aus diesem Buch für Ihre weitere Arbeit mit dem Hund hilfreich ist und auch praktisch umgesetzt werden kann.

Wir wünschen allen „Rettungshundlern“ und Interessierten weiterhin viel Freude bei der Arbeit mit diesen ganz besonderen Tieren!

Katrin Kolbe und Dr. Gabriele Lehari im Sommer 2013

Register

Literatur

Adams, Donald R. und Wiekamp, Michael D.: **The canine vomeronasal organ.** Journal of Anatomy, Vol. 138, 4, 1984.

Alabama A&M und Auburn Universitites: **The Dog's Sense of Smell.** Alabama Cooperative Extension System, 2001.

Atzmüller, M. und Grammer, K.: **Biologie des Geruchs: Die Bedeutung von Pheromonen für Verhalten und Reproduktion.** Speculum 1, 2000.

Bild der Wissenschaft: **Was Hundenasen spitze macht.** November 2008.

Boulanger, Robert und Trautmann Zenoni, Gabriella: **Mantrailing – Teamarbeit mit Nase und Verstand.** Oertel+Spörer, Reutlingen 2013.

Boyd, J. S. und Paterson, C.: **Farbatlas der klinischen Anatomie von Hund und Katze.** Enke, Stuttgart 1995.

Dennis, J. C. et al.: **Immunohistochemistry oft the canine vomeronasal organ.** Journal of Anatomy, Vol. 202, 6, 2003.

Engelhardt, J. v., Inta, D. J. und Monyer, H.: **Die Geruchswahrnehmung aus anatomisch-physiologischer Sicht.** In: Braintertainment, Schattauer 2007.

Frings, Stephan: **Tausendfache Geruchsfänger.** Wie das Riechsystem Informationen verarbeitet. Scinexx, 2009.

Hallgren, Anders: **Stress, Angst und Aggression bei Hunden.** Cadmos, Schwarzenbek 2011.

Hartmann, Michael: **Patient Hund.** Oertel+Spörer, Reutlingen 2010.

Hepper, Peter G. und Wells, Deborah L.: **How many footsteps do dogs need to determine the direction of an odour trail?** Chem. Senses 30, 2005.

Kocher, Kevin und Robin: **How to train a Police Bloodhound.** Eigenverlag, 2010.

Kostov, D. L.: **Vomeronasal organ in domestic animals.** Bulgarian Journal of Veterinary Medicine, 10, No. 1, 2007.

Miklósi, Ádám: **Dog – behaviour, evolution and cognition.** Oxford University Press, New York 2007.

Rauth-Widmann, Brigitte: **Die Sinne des Hundes.** Cadmos, Schwarzenbek 2005.

Röthig, Doris: **Rettungshundeausbildung zur Flächensuche.** Oertel+Spörer, Reutlingen 2012.

Schlipphak, Falk: (2005): **Trümmerkunde und Schadenselemente.** THW Reutlingen, 2005.

Stockham, Rex A., Slavin, Dennis L. und Kift, Wiliam: **Specialized Use of Human Scent in Criminal Investigations.** Forensic Science Communications, Vol. 6, 4, 2004.

Syrotuck, William G.: **Scent and the Secenting Dog.** Barkleigh, Mechaniscsburg, 7. Aufl. 2010.

Tyson, Peter: Dogs' Dazzling Sense of Smell. NOVA science NOW, 2012.

Watson, Layall: **Der Duft der Verführung.** S. Fischer, Frankfurt 2001.

Wegmann, Angela und Heines, Wilfried Heines: **Such und Hilf.** Kynos, 2. Aufl. 1997.